幼魚ハンドブック

小林安雅 著

The Handbook of
Juvenile Fish

文一総合出版

幼魚ウォッチング

ダイバーやスノーケラー、そして海遊びをする人は、海の中にはたくさんの魚がいて、その中には多くの幼魚がいることを知っているだろう。これは普通に海中の風景を見ていても気づかないことかもしれないが、幼魚というキーワードを意識すると目の前の風景が一変する。そこにいる魚たちのほとんどは、まだ幼魚の可能性が高いからだ。

フィッシュウォッチングを楽しむダイバーの間でも、幼魚ウォッチングは大きなテーマのひとつだ。楽しみ方は幼魚と成魚の関係を知ることだが、ダイバーによって新発見された幼魚も少なくない。幼魚の名前がわかるとフィッシュウォッチングがより楽しくなる。この図鑑を活用して幼魚ウォッチングを満喫していただきたい。

ミカヅキツバメウオの幼魚とダイバー

目玉模様のある幼魚

幼魚には本物の眼とは別に、眼にそっくりな斑紋をもつものがいる。このような偽の目玉模様のことを眼状斑と呼ぶ。この眼状斑の効果は、敵の攻撃をそらし、致命傷を防ぐためだと言われている。この眼状斑が背びれの後方や尾びれに多いのはこの効果を期待できるという訳だ。チョウチョウウオ類の幼魚などは、本当の眼の位置を隠すため、眼を通る黒色横帯がある場合が多く、この効果をより高めているのだ。

チョウハンの幼魚

擬態する幼魚

　体が弱く遊泳能力に劣る幼魚は、その身を守るために特殊な擬態能力を身につけているものがいる。ナンヨウツバメウオの幼魚は独特の体形と体色で、見事に枯れ葉や海藻の切れ端などに擬態している。驚かされるのは見た目のそっくりさだけではない。泳ぎ方まで波に揺られる枯れ葉にそっくりなのだ。自身の姿を意識しているのかは分からないが、海底の枯れ葉の吹き溜まりなどで見かけることがある。

枯れ葉に擬態する
ナンヨウツバメウオの幼魚

親子で模様の違う魚

　幼魚と成魚で模様の違う魚は多数知られているが、キンチャクダイ類はそのよい例だ。この仲間は成魚が広いなわばりを持っているため、同種がなわばり内に侵入すると、激しく攻撃して追い出してしまう。もし幼魚が成魚と同じ模様をしていると、幼魚は成魚に攻撃されて餌を食べることもできない。成魚と幼魚が同じような食性の場合、幼魚は模様を変えて成魚からの攻撃を避けて、同じ餌場で共存が可能になるというのだ。

上からタテジマキンチャクダイの
幼魚、若魚、成魚。
成長とともに模様はがらりと変わる

この本の使い方

　本書は、ダイビングやスノーケリング、海遊びなどで自然観察を楽しんでいる方を対象にした幼魚の生態写真図鑑である。日本近海で見られる海水魚の幼魚と成魚を組み合わせて200種を紹介している。

　掲載されている魚は、基本的には幼魚と成魚の組み合わせになっているが、幼魚と若魚、若魚と成魚の場合も含まれている。また、魚類の成魚には雌雄で体形や体色・体の斑紋などが異なるものがいる。このような場合は、成魚の雌雄の写真を掲載してある。

　幼魚の種名を調べるには、まずp.8～17の幼魚一覧ページで大まかな見当をつけてから、それぞれの種の解説ページで確認すると調べやすいだろう。

①**目名・科名**:『日本産魚類検索 全種の同定 第三版』(東海大学出版会)に準拠した。

②**和名・学名**:『日本産魚類検索 全種の同定 第三版』に準拠した。

③**大きさ(大)**: 基本的には幼魚または若魚の全長を表示してあるが、エイ類は体盤幅、イトヒキアジ幼魚は体長を表示した。

④**分布(分)**: 日本近海及び世界の分布海域を表示した。p.7の分布海域の説明を参照。

⑤**生態解説(生)**: 成魚の生息環境及び生息状況、食性、産卵期、特徴的な習性、幼魚の特徴、成魚と幼魚の違い、幼魚はどこで見られるか、などの情報を解説した。

⑥**写真**: 幼魚および若魚の写真は、白バック水槽で生態撮影した写真、または海中で生態撮影した写真を白抜き加工したものを使用した。

⑦**シルエット**: 白バック写真の幼魚または若魚の実物大の大きさを表示した。

各部の名前

全長
体長

第1背びれ
第2背びれ
尾柄部(びへいぶ)
上葉(じょうよう)
吻(ふん)
眼
体高
腹びれ
胸びれ
臀びれ
下葉(かよう)
尾びれ

体盤幅

縦帯
横帯

水玉

用語の解説

- **アマモ場**：アマモ類などが繁茂している海底。

アマモ場

- **育児嚢**（いくじのう）：体外で卵や仔魚を保育するための袋状の器官。
- **岩礁地**：磯や海中にある岩場の環境。
- **眼状斑**（がんじょうはん）：眼のような形の斑紋のこと。
- **汽水域**：河川から流入する淡水と海水が混じっている水域のこと。
- **擬態**（ぎたい）：動物が他物に類似した色や形，または姿勢をもつこと。
- **共生**：異種の生物が緊密な結びつきを保ちながら一緒に生活すること。
- **クリーニング**：他の生き物の体についた寄生虫や有機物などを食べて掃除すること。

サザナミヤッコをクリーニングするホンソメワケベラ

- **婚姻色**（こんいんしょく）：繁殖期にだけ現れる特別な体色。雄に顕著に見られることが多い。
- **雑食性**：動物の食性の一つで、動物質と植物質と両方の食物を食べること。
- **砂泥底**：海底の底質が砂と泥の環境。
- **サンゴ礁外縁部**：サンゴ礁地形の一つで、前方礁原のすぐ沖側の一般的な呼び名。
- **潮だまり**：干潮時の磯にできる水たまりのこと。タイドプールともいう。

潮だまり

- **仔魚**（しぎょ）：魚の初期発育段階の一つで、孵化直後から鰭条が完成するまで。
- **刺胞動物**（しほうどうぶつ）：動物分類上の門の一つで、従来の腔腸動物からクシクラゲ類（有櫛動物）を除いたもの。
- **礁湖**：サンゴ礁に囲まれた内側の海域のこと。
- **礁斜面**：サンゴ礁地形の一つで、前方礁原の沖側に発達するなだらかな斜面。
- **砂底**：海底の底質が砂の環境。
- **性転換**：同一個体がある性から別の性に変わること。
- **石灰藻**：体に多くの石灰質をふくむ藻類の総称。
- **ソフトコーラル**：ヤギ、トサカ、イソバナなどのサンゴの仲間で、造礁サンゴと違い柔らかい体をしているものの総称。

- **胎生**(たいせい)：哺乳類のように母胎から生まれること。
- **潮間帯**：満潮線と干潮線の間の地帯で、1日のうちに陸上になったり海中になったりする部分。
- **転石砂底**：岩礁と砂底が混じった海底の環境。
- **ドロップオフ**：サンゴ礁地形の一つで、前方礁原の沖側にある規模の大きな崖。

ドロップオフ

- **内湾**：幅に対して奥行の大きい湾。
- **流れ藻**：海面に浮遊している海藻類や海草類の総称。
- **肉食性**：動物の食性の一つで、日常の食物の種類が動物質のもの。
- **発光バクテリア**：発光する細菌。主に海産で、マツカサウオに寄生して発光するものなどがある。
- **プランクトン**：自らはほとんど運動能力を持たず、水中・水面に浮いて生活している小さな生物の総称。
- **マウスブリーダー**：卵もしくは仔魚を口の中に入れて、特定の時期まで親魚がこれを保護すること。

口の中で卵を保護するネンブツダイ

- **藻場**：カジメ類、ホンダワラ類、アマモ類などの海藻や海草が繁茂した海底。

藻場(カジメ)

- **卵胎生**(らんたいせい)：受精卵が母体内にとどまって発育し、孵化し幼体となってから母体外へ出ること。
- **流木**：海や川に漂い流れる木。

分布海域の説明

- **インド・太平洋**：インド洋西端から中部太平洋東限に至る海域。
- **インド・西太平洋**：インド洋の熱帯域と西部太平洋域。アジア多島海や紅海、東シナ海、南シナ海、セレベス海、アラフラ海、など多くの沿海と地中海を含む。
- **西部太平洋**：北海道東端から小笠原諸島、サイパン島、グアム島、ローヤルティー諸島、ニュージーランド北端を結ぶ線を東限とする海域。
- **南日本**：太平洋側は房総半島以南、日本海側は若狭湾以南の日本沿岸海域をいう。

幼魚一覧

ネコザメ p.18　ナヌカザメ p.18　アカエイ p.19　トビエイ p.19

ウツボ p.20　キアンコウ p.21　カエルアンコウ p.21

ゴンズイ p.20

マツカサウオ p.22　マトウダイ p.22　ハナタツ p.23　ボラ p.23

ミノカサゴ p.24　ハナミノカサゴ p.24

オニカサゴ p.25　イソカサゴ p.25

ムラソイ p.26　ハオコゼ p.27

アカメバル p.26　ホウボウ p.27

アナハゼ p.28
サクラダイ p.29
セミホウボウ p.28
キンギョハナダイ p.29
カシワハナダイ p.30
スジハナダイ p.31
アカオビハナダイ p.30
フタイロハナゴイ p.31
バラハタ p.32
オオモンハタ p.33
ユカタハタ p.32
ホウキハタ p.33
イヤゴハタ p.34
クエ p.35
マハタ p.34
サラサハタ p.35
ネンブツダイ p.36
クロホシイシモチ p.37
オオスジイシモチ p.36
スジオテンジクダイ p.37

9

クロイシモチ p.38　　ヤセアマダイ p.39 
キツネアマダイ p.38　　クロコバン p.39

シイラ p.40 　　カンパチ p.41 
コバンアジ p.40 　　コガネシマアジ p.41

ブリ p.42 　　イトヒキアジ p.43 
ギンガメアジ p.42 　　カイワリ p.43

フエダイ p.44 　　ヨスジフエダイ p.45 
ヒメフエダイ p.44 　　ロクセンフエダイ p.45

クロホシフエダイ p.46 　　ホホスジタルミ p.47
センネンダイ p.46 　　クロサギ p.47

イサキ p.48

チョウチョウコショウダイ p.49

コショウダイ p.48

ムスジコショウダイ p.49

アジアコショウダイ p.50

マダイ p.51

コロダイ p.50

クロダイ p.51

ヨコシマクロダイ p.52

イトフエフキ p.53

メイチダイ p.52

ツバメコノシロ p.53

ヨメヒメジ p.54

オジサン p.55

オオスジヒメジ p.54

リュウキュウヒメジ p.55

ホウライヒメジ p.56

ツマグロハタンポ p.57

オキナヒメジ p.56

シマハタタテダイ p.57

11

ムレハタタテダイ p.58	ミナミハタタテダイ p.58	タキゲンロクダイ p.59	トゲチョウチョウウオ p.59
チョウハン p.60	フウライチョウチョウウオ p.60	テングチョウチョウウオ p.61	チョウチョウウオ p.61
ミゾレチョウチョウウオ p.62	シラコダイ p.62	アケボノチョウチョウウオ p.63	ゴマチョウチョウウオ p.63
サザナミヤッコ p.64	タテジマキンチャクダイ p.64	キンチャクダイ p.65	アカネキンチャクダイ p.65
シテンヤッコ p.66	ニシキヤッコ p.66	テングダイ p.67	オキゴンベ p.67

タカノハダイ p.68

ミギマキ p.69

ユウダチタカノハ p.68

マタナゴ p.69

クマノミ p.70

コガネスズメダイ p.71

スズメダイ p.70

ミツボシクロスズメダイ p.71

シマスズメダイ p.72

オヤビッチャ p.73

ロクセンスズメダイ p.72

クロスズメダイ p.73

ヒレナガスズメダイ p.74

ナガサキスズメダイ p.75

ソラスズメダイ p.74

セダカスズメダイ p.75

コトヒキ p.76

イシダイ p.77

ギンユゴイ p.76

イシガキダイ p.77

13

イスズミ p.78　　メジナ p.79

カゴカキダイ p.78　　クロメジナ p.79

オキナメジナ p.80　　コブダイ p.81

イボダイ p.80　　イラ p.81

キツネベラ p.82　　クギベラ p.83

カマスベラ p.82　　ホンソメワケベラ p.83

オハグロベラ p.84　　カミナリベラ p.85

ホシササノハベラ p.84　　セナスジベラ p.85

ニシキベラ p.86　　ホンベラ p.87

キュウセン p.86　　コガネキュウセン p.87

カンムリベラ p.88
ムスメベラ p.89 
ツユベラ p.88 
シロタスキベラ p.89 
メガネモチウオ p.90 
テンス p.91 
オビテンスモドキ p.90 
ブダイ p.91 
イロブダイ p.92 
ヘビギンポ p.93 
アオブダイ p.92 
ヒメギンポ p.93 
コケギンポ p.94 
カエルウオ p.95 
イソギンポ p.94 
ニジギンポ p.95 
アカハチハゼ p.96 
サビハゼ p.97 
アゴハゼ p.96 
クツワハゼ p.97 

15

クモハゼ p.98

クロユリハゼ p.98

ナンヨウツバメウオ p.99

ミカヅキツバメウオ p.99

アカククリ p.100

アイゴ p.100

ツノダシ p.101

ニザダイ p.101

テングハギ p.102

ヒレナガハギ p.103

ナンヨウハギ p.102

シマハギ p.103

サザナミハギ p.104

モンツキハギ p.105

クログチニザ p.104

ニジハギ p.105

ニセカンランハギ p.106

ヒラメ p.107

オニカマス p.106

クロウシノシタ p.107

16

アカモンガラ p.108
イソモンガラ p.108 
ゴマモンガラ p.109 
キヘリモンガラ p.109 
モンガラカワハギ p.110 
クラカケモンガラ p.111 
ツマジロモンガラ p.110 
ソウシハギ p.111 
アミメハギ p.112 
ハコフグ p.113 
カワハギ p.112 
ミナミハコフグ p.113 
コンゴウフグ p.114 
キタマクラ p.115 
サザナミフグ p.114 
クサフグ p.115 
アカメフグ p.116 
コモンフグ p.117 
ムシフグ p.116 
ハリセンボン p.117 

17

ネコザメ目ネコザメ科／メジロザメ目トラザメ科

ネコザメ
Heterodontus japonicus

大 幼魚15cm。**分** 青森県〜鹿児島県の太平洋・日本海側沿岸、黄海、東シナ海。**生** 成魚は海藻の多い岩礁地に生息する。産卵期は3〜9月で、らせん状の卵殻に包まれた卵を産む。卵が孵化するまでに7〜8ヶ月の時間を要する。

成魚1.2m

2つの背びれには各々固いトゲがある

幼魚にははっきりとした横帯がある

幼魚15cm（孵化）

ナヌカザメ
Cephaloscyllium umbratile

大 幼魚15cm。**分** 北海道南部以南、南日本。東シナ海、台湾。**生** 成魚はやや深い岩礁地で見られる。卵生のサメで、卵殻はその形から「人魚の財布」とも呼ばれ、ヤギなどの刺胞動物に絡ませるように産みつける。孵化までに約10ヶ月かかる。

成魚1.2m

幅の広い横帯がある

幼魚には黒色斑が散在しない

幼魚15cm（孵化）

エイ目アカエイ科／トビエイ科

アカエイ
Dasyatis akajei

大 幼魚の体盤幅12cm。分 南日本。朝鮮半島、台湾、中国。生 成魚は沿岸の浅い砂底で見られる。砂に潜っていることもある。卵胎生で交尾して、夏に仔魚を産む。幼魚は親とほぼ同じ体形で産まれてくる。

成魚 体盤幅45cm

尾部のトゲには強い毒がある

※幼魚と若魚の基本的な体色や斑紋は成魚とあまり変わらない。

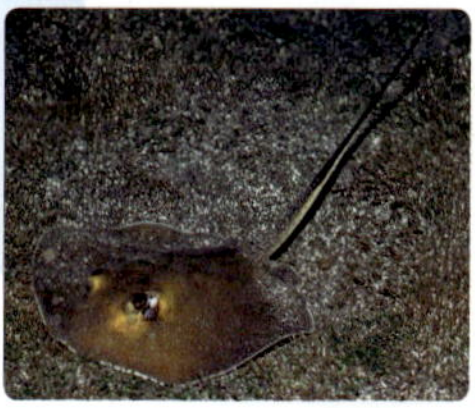

若魚 体盤幅25cm

トビエイ
Myliobatis tobijei

大 幼魚の体盤幅20cm。分 北海道以南の南日本。南シナ海。生 成魚は沿岸の浅い砂底で見られる。低層をよく泳ぎ、群れをつくることもある。成魚の体盤背面には黒色斑が散在する。肉食性で底生の小動物を食べる。卵胎生。

成魚 体盤幅80cm

幼魚の背面には黒色斑がない

口が下を向いている

※幼魚の基本的な体形は成魚とあまり変わらない。

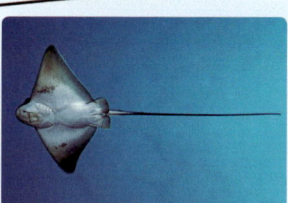

幼魚 体盤幅20cm

19

ウナギ目ウツボ科／ナマズ目ゴンズイ科

ウツボ
Gymnothorax kidako

大 幼魚25cm。**分** 南日本、伊豆・小笠原諸島、琉球列島、台湾。**生** 成魚は沿岸の浅い岩礁地やその周辺の砂底で見られる。歯が鋭く「海のギャング」と呼ばれることもあるが、こちらから危害を与えなければ攻撃してくることはない。

成魚80cm

※幼魚と若魚の基本的な体色や斑紋は成魚とあまり変わらない。

若魚40cm

幼魚の体の後半部の模様は成魚と同じ

幼魚の頭部は白っぽい

ゴンズイ
Plotosus japonicus

大 幼魚2cm。**分** 南日本、伊豆・小笠原諸島、琉球列島、朝鮮半島、中国、台湾。**生** 口の周りには8本のヒゲがある。"ゴンズイ玉"と呼ばれる密集群をつくることで有名な魚。2cm以下の幼魚は体色が黒っぽい。

成魚10cm

幼魚2cm

背びれのトゲに毒がある

※若魚の基本的な体色や斑紋は成魚とあまり変わらない。

8本のヒゲがある

胸びれのトゲに毒がある

若魚5cm

アンコウ目アンコウ科／カエルアンコウ科

キアンコウ
Lophius litulon

大 幼魚1.5cm。分 北海道以南の南日本、黄海、東シナ海。生 伊豆半島では冬から春にやや深い砂底に成魚が現れることがある。卵は浮遊性卵で、5月頃に見つかる。この幼魚は卵が孵化した直後の状態である。

成魚60cm

幼魚は頭部にヒレがある

幼魚は腹びれが長く伸びる

カエルアンコウ
Antennarius striatus

大 幼魚5cm。分 南日本、東部太平洋を除く全世界の温・熱帯域。生 成魚は沿岸の浅い砂底や転石のある砂底に生息する。伊豆半島では夏に多く見られる。エスカと呼ばれる疑似餌はゴカイ類のような形で、これを使って小魚を誘い捕食する。

成魚15cm

エスカはゴカイ類のような形

成魚13cm(捕食中)

※幼魚の基本的な体色や斑紋は成魚とあまり変わらない。

21

キンメダイ目マツカサウオ科／マトウダイ目マトウダイ科

マツカサウオ
Monocentris japonica

大 幼魚2.5cm。分 北海道南部以南、西太平洋からオーストラリア南部。生 成魚は沿岸の岩礁地に生息する。岩棚の割れ目や岩穴の中で見られる。下顎の先端部に発光バクテリアを共生させ、微弱な発光をすることが知られている。

成魚10cm

体は固い鱗に覆われている

※幼魚の基本的な体色や斑紋は成魚とあまり変わらない。

マトウダイ
Zeus faber

大 幼魚3cm。分 北海道以南、南日本、インド・西太平洋、東部大西洋。生 成魚はやや深い岩礁地に生息する。幼魚は浅い転石砂底地や藻場で見られる。体側にある特徴的な黒斑からマトダイ（的鯛）ともいわれる。

成魚35cm

若魚15cm

体側中央に眼状斑がある

※幼魚と若魚の基本的な体色や斑紋は成魚とあまり変わらない。

トゲウオ目ヨウジウオ科／ボラ目ボラ科

ハナタツ
Hippocampus sindonis

大 幼魚1.7cm。分 南日本、伊豆諸島、朝鮮半島南部。生 成魚は沿岸の浅い岩礁地や藻場で見られる。雄の腹部には育児嚢という袋があり、雌はここに産卵し孵化するまで雄が卵を育てる。赤色・褐色・黄色など体色は個体変異が多い。

成魚8cm

頭頂部に突起がある

幼魚は体色が薄い褐色

成魚8cm（出産）

ボラ
Mugil cephalus cephalus

大 幼魚3cm。分 北海道以南、南日本、西アフリカを除く全世界の温・熱帯域。生 成魚は沿岸の浅場や、河川の淡水域から汽水域でも見られる。幼魚は潮だまりでもよく見かける。海底の砂ごと餌を食べて、砂だけを鰓から出す。

成魚40cm

背びれは2つ

※幼魚の基本的な体色や斑紋は成魚とあまり変わらない。

23

カサゴ目フサカサゴ科

ミノカサゴ
Pterois lunulata

大 幼魚10cm。**分** 北海道南部以南、南日本、インド・西太平洋。**生** 成魚は沿岸の岩礁地周辺の砂底や転石のある砂底で見られる。伊豆半島では普通に見られる。肉食性で小魚を丸呑みにする。ひれのトゲに毒があるので要注意。

成魚25cm

※幼魚の基本的な体色や斑紋は成魚とあまり変わらない。

顎の下腹面に縞模様がない

ハナミノカサゴ
Pterois volitans

大 幼魚10cm。**分** 南日本、インド・太平洋。**生** 成魚は沿岸の浅い岩礁地やサンゴ礁で見られる。伊豆半島でも見られるが、数は少ない。肉食性で小魚を襲って丸呑みにする。ひれのトゲに毒があるので、刺されないように要注意。

成魚30cm

※幼魚の基本的な体色や斑紋は成魚とあまり変わらない。

顎の下腹面に茶色の縞模様がある

カサゴ目フサカサゴ科

オニカサゴ
Scorpaenopsis cirrosa

大 幼魚4cm。分 南日本、伊豆諸島、琉球列島、中国、台湾。生 成魚は沿岸の浅い岩礁地に生息する。転石の上などでカムフラージュして、獲物になる小魚を待ち伏せている。体色はとても変化に富み、赤色・茶色・褐色などが見られる。

成魚30cm

背びれのトゲに毒がある

※幼魚の基本的な体色や斑紋は成魚とあまり変わらない。

イソカサゴ
Scorpaenodes evides

大 幼魚4cm。分 南日本、インド・西太平洋。生 成魚は沿岸の浅い岩礁地に生息する。幼魚は大きな潮だまりにも入る。体色は変化が多く、赤色・褐色などが見られる。なわばり意識の強い魚なので、海中で闘争しているのを見かけることがある。

成魚10cm

ひれのトゲには弱い毒がある

鰓蓋の下側に黒色斑がある

※幼魚の基本的な体色や斑紋は成魚とあまり変わらない。

25

カサゴ目フサカサゴ科

ムラソイ
Sebastes pachycephalus

大 幼魚3cm。分 北海道以南、南日本、朝鮮半島南部、黄海。生 沿岸の浅い岩礁地に生息する。成魚は転石の間や岩穴で見られる。幼魚は浅場の石の下などにいる。卵胎生で春から初夏に仔魚を産む。

成魚25cm

幼魚は幅の広い黒色横帯がある

幼魚の尾びれは白色

アカメバル
Sebastes inermis

大 幼魚4cm。分 北海道以南、南日本、伊豆諸島、朝鮮半島南部。生 成魚は沿岸の浅い岩礁地に生息する。幼魚は藻場で群れをつくり、中層を泳いでいることもある。卵胎生で、秋から初冬に交尾し、春に仔魚を産む。

成魚25cm

幼魚の体色は薄い茶褐色

カサゴ目ハオコゼ科／ホウボウ科

ハオコゼ
Hypodytes rubripinnis

大 幼魚3cm。分 青森県以南、南日本、伊豆諸島、朝鮮半島南部。生 沿岸の浅い岩礁地、藻場などに生息する。幼魚・成魚ともに大きな潮だまりでも見かける。雌に比べて雄は背びれのトゲが長く伸びるので見分けられる。

成魚（雄）6cm

背びれのトゲには毒がある

成魚（雌）5cm

※雄と雌の違いは、幼魚のうちはわからない。

ホウボウ
Chelidonichthys spinosus

大 幼魚4cm。分 北海道以南、南日本、朝鮮半島、中国。生 成魚は沿岸の砂底や砂泥底に生息する。幼魚は内湾の浅い砂底で見られる。胸びれの軟条が3本遊離し、指状の動きをする。これで海底を歩くように移動し、餌を探す。

成魚30cm

若魚は胸びれの模様が成魚と異なる

幼魚の体色は全身黒色

若魚8cm

カサゴ目カジカ科／セミホウボウ科

アナハゼ
Pseudoblennius percoides

大 幼魚4cm。**分** 青森県以南、南日本、伊豆大島。
生 成魚は沿岸の浅い岩礁地に生息する。幼魚は浅い藻場で見られる。体色は変異が多く、黄色・褐色・緑色などがある。雄には生殖突起があり、交尾した雌はカイメンの中に卵を産みつける。

成魚15cm

背びれは2つ

口はとがる

※幼魚の基本的な体色や斑紋は成魚とあまり変わらない。

セミホウボウ
Dactyloptena orientalis

大 幼魚4cm。**分** 青森県以南、南日本、インド・太平洋。**生** 成魚は沿岸の砂底・砂泥底に生息する。幼魚は内湾の浅い砂底で見られる。胸びれの眼状斑は、幼魚でははっきりしているが、成長に伴ってだんだん不明瞭になる。

成魚25cm

幼魚は胸びれに眼状斑がある

若魚10cm

スズキ目ハタ科

サクラダイ
Sacura margaritacea

大 幼魚5cm。**分** 南日本、伊豆諸島、台湾。**生** 沿岸の岩礁地に群れで生息する。成魚は水深25m以深に多く、幼魚は浅場に現れることもある。ハナダイの仲間は最初は雌として成熟し、体の大きい雌が雄へ性転換する。

成魚(雄)16cm

背びれに黒色斑がある

幼魚の体色は雌と同じ

成魚(雌)14cm

※幼魚の基本的な体色や斑紋は成魚の雌とあまり変わらない。

キンギョハナダイ
Pseudanthias squamipinnis

大 幼魚4cm。**分** 南日本、インド・太平洋。**生** 成魚・幼魚ともに沿岸の浅い岩礁地やサンゴ礁で普通に見られる。群れで生活し最初は雌として成熟し、体の大きい雌が雄へ性転換する。雄は背びれの第3棘が長く伸びるのが特徴。

成魚(雄)11cm

成魚(雌)8cm

幼魚の体色は雌と同じ

※幼魚の基本的な体色や斑紋は成魚の雌とあまり変わらない。

29

スズキ目ハタ科

カシワハナダイ
Pseudanthias cooperi

大 幼魚6cm。分 南日本、インド・太平洋。生 成魚は潮通しのよいサンゴ礁外縁部に群れで生息する。幼魚は伊豆半島にも現れる。幼魚の体色は基本的に雌と同じ。成魚の雄は雌を誘うときに、体側が白くなる婚姻色を見せることがある。

成魚(雄)12cm

成魚(雄)12cm(婚姻色)

幼魚は尾びれの先端が赤い

※幼魚はアカオビハナダイ幼魚と見分けるのは難しい。

アカオビハナダイ
Pseudanthias rubrizonatus

大 幼魚5cm。分 南日本、中・西部太平洋。生 成魚は潮通しのよいサンゴ礁外縁部に群れで生息する。幼魚は伊豆半島にも現れる。幼魚の体色は雌とほとんど同じ。ハナダイの仲間は最初は雌として成熟し、体の大きい雌が雄へ性転換する。

成魚(雄)12cm

幼魚は尾びれの先端が赤い

成魚(雌)8cm

スズキ目ハタ科

スジハナダイ
Pseudanthias fasciatus

大 幼魚4cm。分 南日本、インド・西太平洋。生 成魚は沿岸のやや深い岩礁地に生息する。大きな岩穴や岩の亀裂で、単独または数匹の群れで生活している。幼魚は成魚とほぼ同じ場所で見られるが、あまり目立たないように隠れている。

成魚12cm

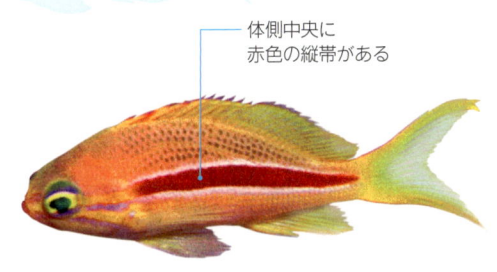

体側中央に赤色の縦帯がある

※幼魚の基本的な体色や斑紋は成魚とあまり変わらない。

フタイロハナゴイ
Pseudanthias bicolor

大 幼魚6cm。分 南日本、インド・太平洋。生 成魚は潮通しのよいサンゴ礁外縁部に群れで生息する。幼魚は伊豆半島にも現れる。体の上半部は黄色、下半部は赤紫色。雄は背びれの第2・3棘が長く伸びる。動物性プランクトンを食べる。

成魚(雄)10cm

幼魚は黄色と赤紫色の染めわけ模様が濃い

スズキ目ハタ科

バラハタ
Variola louti

大 幼魚10cm。**分** 南日本、インド・太平洋。**生** 成魚はサンゴ礁の外縁部に生息する。単独で遊泳していることが多い。成魚は各ひれの後縁部が黄色いのが特徴。幼魚はサンゴの下に隠れていることが多く、遊泳していることは少ない。

成魚40cm

幼魚は体側に黒色縦帯がある

幼魚は尾びれのつけ根上部に黒色斑がある

ユカタハタ
Cephalopholis miniata

大 幼魚6cm。**分** 南日本、インド・太平洋。**生** 成魚はサンゴ礁の外縁部の浅場に生息する。成魚は体の後方が青黒い。幼魚は稀に伊豆半島でも見られる。体の地色は橙色で、成長に伴って全身に小さな青色円形斑が現れる。

成魚35cm

幼魚は青色の斑点がまだ現れていない

スズキ目ハタ科

オオモンハタ
Epinephelus areolatus

大 幼魚7cm。分 南日本、インド・西太平洋。生 成魚は沿岸の岩礁地に生息する。成魚に比べると幼魚の生息水深は浅く、やや内湾の岩礁地で見られる。よく似たホウセキハタとは、尾びれの後縁に白い縁取りがあることで区別できる。

成魚35cm

尾びれの後縁に白い縁取りがある

幼魚は全身にある褐色の斑点が大きい

ホウキハタ
Epinephelus morrhua

大 幼魚7cm。分 南日本、インド・西太平洋。生 成魚は沿岸のやや深い岩礁地に生息し、大きめの岩穴を住み家にしている。幼魚は成魚よりも浅い岩礁地で見られる。幼魚の体色の地色は淡褐色で、体側の縞模様がはっきりしている。

成魚60cm

体側上半部は斜行帯

体側下半部は弓なりの縦帯

33

スズキ目ハタ科

イヤゴハタ
Epinephelus poecilonotus

大 幼魚5cm。分 南日本、インド・西太平洋。生 成魚は沿岸のやや深い岩礁地に生息する。大きな岩穴やゴロタ石の隙間などを住み家にしている。幼魚は浅い岩礁地やその周辺の砂底で見られる。単独でいることが多い。

成魚35cm

幼魚は体側の白色縦帯が弓なりに曲がり、体側上部中央に黒色斑がある

マハタ
Epinephelus septemfasciatus

大 幼魚5cm。分 北海道南部以南、南日本、東シナ海、黄海。生 成魚は沿岸のやや深い岩礁地に生息する。ハタの仲間としては遊泳性が強く、中層をよく泳いでいる。幼魚はやや内湾の浅い岩礁地で見られ、いつも単独でいる。

成魚40cm

幼魚は体側の白色横帯が明瞭（老成魚では不明瞭）

スズキ目ハタ科

クエ
Epinephelus bruneus

大 幼魚4cm。**分** 南日本、南シナ海。**生** 成魚は沿岸の深い岩礁地に生息する。大きい岩穴を住み家にしている。幼魚は浅い磯や、藻場、潮だまりなどで見られるが、成長するに従って生息水深がだんだん深くなっていく。

成魚90cm

幼魚は頭部や体側に明瞭な斜行横帯がある（老成魚では不明瞭）

サラサハタ
Chromileptes altivelis

大 幼魚6cm。**分** 南日本、インド・西太平洋。**生** 成魚は沿岸の浅い岩礁地やサンゴ礁に生息する。幼魚は伊豆半島にも現れる。ハタ類としては体高があり、頭部が小さい。体と各ひれは白地で、黒の水玉模様があるのが特徴。

成魚40cm

幼魚は体色が白っぽく、体全体にある黒い水玉模様が大きい

スズキ目テンジクダイ科

ネンブツダイ
Apogon semilineatus

大 幼魚5cm。**分** 南日本、東部インド洋、西部太平洋の温・熱帯域。**生** 成魚は沿岸の岩礁地に群れで生息する。夏の産卵期になるとペアで産卵し、雄が卵を口内保育するマウスブリーダー。卵が孵化するまでの約1週間は、雄は餌を食べない。

成魚9cm

長さが違う
2本の縦帯がある

※幼魚の基本的な体色や斑紋は成魚とあまり変わらない。

尾びれのつけ根に黒色斑がある

オオスジイシモチ
Apogon doederleini

大 幼魚4cm。**分** 南日本、西部太平洋。**生** 成魚は沿岸の岩礁地に生息する。幼魚は群れをつくるが、成魚は転石の間や岩穴で単独で見られる。夏の産卵期はペアで生活し、雄が卵を口内保育するマウスブリーダー。

成魚11cm

尾びれのつけ根に黒色斑がある

※幼魚の基本的な体色や斑紋は成魚とあまり変わらない。

スズキ目テンジクダイ科

クロホシイシモチ
Apogon notatus

大 幼魚5cm。分 南日本、台湾、フィリピン。生 成魚は沿岸の浅い岩礁地で群れをつくる。体側に縦帯がなく、頭頂部に1対の黒点があるのが特徴。夏の産卵期にはペアで産卵し、雄が卵を口内保育するマウスブリーダー。

成魚8cm

鰓蓋の上部に黒色斑がある

尾びれのつけ根に黒色斑がある

※幼魚の基本的な体色や斑紋は成魚とあまり変わらない。

スジオテンジクダイ
Apogon holotaenia

大 幼魚4cm。分 南日本、西部太平洋。生 成魚は沿岸の浅い岩礁地に生息する。幼魚は群れでくらしていることが多い。夏の産卵期はペアをつくり、雄が卵を口内保育するマウスブリーダー。雄は約1週間の口内保育中は餌を食べない。

成魚6cm

尾びれは透明

※幼魚の基本的な体色や斑紋は成魚とあまり変わらない。

スズキ目テンジクダイ科／キツネアマダイ科

クロイシモチ
Apogon niger

大 幼魚3cm。**分** 神奈川県、長崎県以南、台湾、南シナ海。**生** 成魚はやや内湾の、転石のある砂泥底に生息する。幼魚は海底に捨てられたビンや缶を住み家にしていることがある。雄が卵を口内保育するマウスブリーダー。ペアでいることが多い。

成魚7cm

幼魚は体色が黄色いものが多い

キツネアマダイ
Malacanthus latovittatus

大 幼魚6cm。**分** 南日本、インド・太平洋。**生** 成魚は浅いサンゴ礁の礫底に生息する。幼魚は伊豆半島にも稀に現れる。幼魚は黒と白の体色で、クリーナーのホンソメワケベラ (p.83) に似るので、防御型の擬態ではないかとの説もある。

成魚30cm

幼魚は白と黒の染めわけ模様

若魚は体側中央を黒色縦帯が走る

若魚15cm

スズキ目キツネアマダイ科／コバンザメ科

ヤセアマダイ
Malacanthus brevirostris

大 幼魚10cm。分 南日本、インド・太平洋。生 成魚は浅いサンゴ礁の礫底に生息する。転石の下によく隠れる。幼魚は伊豆半島にも毎年現れる。幼魚は頭部がやや黄色で、体の後半部に黒と白の縦帯があるが、成魚は全身ほぼ白色。

成魚25cm

幼魚は頭部がやや黄色い

幼魚は黒と白の縦帯がある

クロコバン
Remora brachyptera

大 幼魚12cm。分 全世界の暖海域。生 頭部に第1背びれの変化した大型の吸盤をもち、大型のサメ類やエイ類に吸着生活をしているコバンザメの仲間。伊豆半島では珍しいが、大型魚についたまま定置網に入ることがある。

ジンベエザメにつく成魚50cm

頭部に大きな吸盤がある

幼魚はひれの先端部が白色

スズキ目シイラ科／アジ科

シイラ
Coryphaena hippurus

大 幼魚4cm。分 全世界の暖海域。生 成魚は夏から秋に沖合の表層で見られる。幼魚は流れ藻や流木につき、漂流生活をしている。小さな幼魚は動物性プランクトンを食べ、成長するにつれて小魚やイカなどを食べるようになる。

成魚1m

幼魚は体側に10数条の横帯がある

コバンアジ
Trachinotus baillonii

大 幼魚5cm。分 南日本、インド・太平洋。生 成魚は浅いサンゴ礁の砂底から表層で見られる。幼魚は伊豆半島の浅い磯にも現れる。成魚の体側には小さな黒斑があるが、これは成長に伴って現れるので、幼魚の体側に目立った斑紋はない。

成魚35cm

幼魚の体側には黒斑がない

スズキ目アジ科

カンパチ
Seriola dumerili

大 幼魚3.5cm。分 南日本、東部太平洋を除く全世界の温・熱帯域。生 成魚は沿岸から沖合いの浅場に生息する。幼魚は流れ藻などにつく。眼を通る暗色の斜帯があり、上からみると「八」の字に見えることから間八（カンパチ）と呼ばれる。

成魚45cm

- 眼を通る暗色斜帯がある
- 幼魚は体側に暗色横帯がある

コガネシマアジ
Gnathanodon speciosus

大 幼魚10cm。分 南日本、インド・太平洋。生 成魚はサンゴ礁沿岸の浅場に生息する。成魚は群れでいることが多い。幼魚はサメ類・エイ類・ハタ類などの大型魚についているので、パイロットフィッシュとも呼ばれることがある。

成魚50cm

- 幼魚の地色は黄色
- 体側に黒色横帯がある（成長に伴って不明瞭になる）

若魚15cm

41

スズキ目アジ科

ブリ
Seriola quinqueradiata

大幼魚1.5cm。**分**北海道南部以南の南日本、黄海、東シナ海。**生**成魚は沿岸を回遊する。幼魚は流れ藻などにつき、モジャコと呼ばれる。関東では、ワカシ、イナダ、ワラサ、ブリと成長に伴い呼び名が変わる。

成魚60cm

幼魚は体側に褐色の横帯がある

ギンガメアジ
Caranx sexfasciatus

大幼魚15cm。**分**南日本、インド・太平洋。**生**成魚はサンゴ礁の浅場に生息する。ドロップオフで大きな群れをつくることがある。幼魚は伊豆半島でも毎年見られる。幼魚の体色は金色か銀色で、体側の暗色横帯は消えていることもある。

成魚40cm

幼魚は体側に6本の暗色横帯がある

スズキ目アジ科

イトヒキアジ
Alectis ciliaris

大 幼魚体長6cm。分 全世界の温・熱帯域。生 成魚は沿岸から沖合いに生息する。幼魚は沿岸の表層で見られる。伊豆半島では幼魚は夏から秋に現れることが多い。長い背びれと臀びれをなびかせて、水面下を群れで泳いでいる姿は美しい。

若魚体長40cm

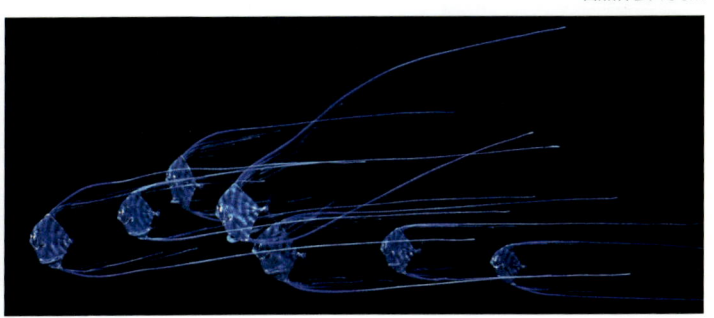

幼魚は背びれと尻びれが長く伸びている

カイワリ
Kaiwarinus equula

大 幼魚5cm。分 南日本、インド・太平洋。生 成魚は沿岸からやや沖合いに生息する。幼魚は沿岸の浅い砂底で見られる。幼魚は群れをつくって泳いでいることもあるが、ほかの魚について併泳している姿をよく見かける。

成魚18cm

幼魚は体側の横帯の一部が濃くなる

幼魚5cm
(キタマクラと併泳)

43

スズキ目フエダイ科

フエダイ
Lutjanus stellatus

大 幼魚4cm。分 南日本、中国南部、台湾。生 成魚は沿岸の岩礁地やサンゴ礁に生息する。幼魚は浅い岩礁地や潮だまりでも見られる。体側に1個の白色斑があるが、これは成長に伴って小さくなるが消失することはない。

成魚30cm

体側に1個の白色斑がある

※幼魚の基本的な体色や斑紋は成魚とあまり変わらない。

ヒメフエダイ
Lutjanus gibbus

大 幼魚4cm。分 南日本、インド・太平洋。生 成魚は沿岸の岩礁地やサンゴ礁に生息する。体色は普通は青白いが赤くなることがある。幼魚は伊豆半島にも毎年現れる。幼魚は尾柄部に黒色斑があり尾びれは黄色いが、成魚の尾びれは赤褐色。

成魚40cm

幼魚の尾びれは黄色い

幼魚は尾びれのつけ根に黒色斑がある

スズキ目フエダイ科

ヨスジフエダイ
Lutjanus kasmira

大 幼魚5cm。分 南日本、インド・太平洋。生 成魚は沿岸の岩礁地やサンゴ礁で大きな群れをつくることがある。成魚・幼魚ともに体側に青い縦帯が4本あるのが特徴。幼魚は伊豆半島の浅場にも毎年現れるが数は少ない。

成魚20cm

4本の青い縦帯がある

※幼魚の基本的な体色や斑紋は成魚とあまり変わらない。

ロクセンフエダイ
Lutjanus quinquelineatus

大 幼魚8cm。分 南日本、インド・西太平洋。生 成魚は沿岸の岩礁地やサンゴ礁に生息する。成魚は青い縦帯が頭部に6本、体側に5本ある。幼魚は伊豆半島にも現れ、やや内湾の浅い岩礁地で見られることがある。

成魚25cm

幼魚の体側の青い縦帯は5本

黒色斑は現れたり消えたりする

※幼魚の基本的な体色や斑紋は成魚とあまり変わらない。

45

スズキ目フエダイ科

クロホシフエダイ
Lutjanus russellii

大 幼魚4cm。**分** 南日本、インド・西太平洋。**生** 成魚は沿岸の岩礁地やサンゴ礁、その周辺の砂底に生息する。大きな群れをつくっていることもある。成魚の体色は光沢ある銀色で、体側に黒色の眼状斑があるのが特徴。

成魚20cm

幼魚は体側に4本の暗色縦帯がある

黒色の眼状斑がある

センネンダイ
Lutjanus sebae

大 幼魚10cm。**分** 南日本、インド・西太平洋。**生** 成魚は沿岸の岩礁地やサンゴ礁に生息する。成魚は体側に3本の赤色横帯があるのが特徴だが、老成したものはこの横帯が薄くなる。幼魚はガンガゼの近くで見られることがある。

成魚30cm

幼魚は3本の横帯が赤みのある黒色

スズキ目フエダイ科／クロサギ科

ホホスジタルミ
Macolor macularis

大 幼魚10cm。分 琉球列島以南、インド・西太平洋。
生 成魚は潮通しのよいサンゴ礁外縁部のドロップオフで大きな群れをつくる。幼魚はサンゴ礁のやや内湾域で見られ、ヤギ類やウミシダ類の周りについていることが多い。

成魚45cm

幼魚は頭部と体側に複雑な模様がある

クロサギ
Gerres equulus

大 幼魚4cm。分 南日本、朝鮮半島南部。生 成魚は沿岸の砂底地や岩礁地に生息する。幼魚はやや内湾の砂底地や河口域で見られる。成魚・幼魚ともに体色は銀色で、背びれの先端部に黒色斑がある。砂中の底生小動物を食べている。

成魚18cm

背びれの先端部に黒色斑がある

※幼魚の基本的な体色や斑紋は成魚とあまり変わらない。

スズキ目イサキ科

イサキ
Parapristipoma trilineatum

🔵 幼魚5cm。 🔶 南日本、朝鮮半島、中国、台湾。 🟢 成魚は沿岸の岩礁地で大きな群れをつくる。幼魚はやや内湾の浅場で小さい群れをつくる。幼魚は体側にはっきりした3本の暗色縦帯があるが、これは老成するとだんだんと薄くなる。

成魚25cm

幼魚は体側に3本の暗色縦帯がある

コショウダイ
Plectorhinchus cinctus

🔵 幼魚5cm。 🔶 南日本、黄海、東シナ海。 🟢 成魚は沿岸の岩礁地に生息する。幼魚は内湾の岩礁地や藻場、ときには河川の汽水域にも入る。伊豆半島では普通に見られる。4cm以下の幼魚は全身黒色で、尾びれは透明。

成魚60cm

幼魚（5cm以上）は体側に3本の白色斜走帯がある

若魚35cm

スズキ目イサキ科

チョウチョウコショウダイ
Plectorhinchus chaetodonoides
大 幼魚10cm。分 南日本、インド・西太平洋。生 成魚は沿岸の岩礁地やサンゴ礁外縁部のドロップオフに生息する。幼魚はやや内湾のサンゴ礁・岩礁地・藻場で見られる。幼魚は頭を下にして体をくねらせて泳ぐ性質がある。

成魚35cm

幼魚は黒い縁取りのある白色斑点がある

若魚20cm

ムスジコショウダイ
Plectorhinchus vittatus
大 幼魚5cm。分 南日本、インド・太平洋。生 成魚は沿岸の岩礁地やサンゴ礁で群れをつくる。幼魚は伊豆半島でも毎年見られる。幼魚は褐色の地色に白色斑があり、この白色斑は流れるように広がり縦帯へ変化していく。

成魚45cm

幼魚は全身に白色斑がある

49

スズキ目イサキ科

アジアコショウダイ
Plectorhinchus picus

大 幼魚6cm。**分** 南日本、インド・太平洋。**生** 成魚は沿岸の岩礁地や、潮通しのよいサンゴ礁の外縁部で小さな群れをつくる。幼魚はやや内湾のサンゴ礁や岩礁地で単独で見られる。伊豆半島にも現れるが数は少ない。

成魚40cm

幼魚は体側に大きな白色円斑がある

コロダイ
Diagramma picta

大 幼魚3cm。**分** 南日本、インド・西太平洋。**生** 成魚は沿岸の岩礁地周辺の砂底やサンゴ礁に生息する。幼魚は浅い岩礁地近くの砂底で見られる。幼魚の黒色縦帯は成長に伴って数が増え、帯状から斑点へ変化していく。

成魚40cm

幼魚は体側に太い黒色縦帯がある

若魚6cm

50

スズキ目タイ科

マダイ
Pagrus major

大 幼魚6cm。分 北海道以南から東シナ海、朝鮮半島、中国、台湾。生 成魚は沿岸のやや深い岩礁地や砂底に生息する。幼魚は内湾の岩礁地や砂底で見られる。主に甲殻類・貝類・軟体類・小魚などを食べる肉食性の魚。

成魚40cm

体側に青く輝く斑点がある

※幼魚の基本的な体色や斑紋は成魚とあまり変わらない。

クロダイ
Acanthopagrus schlegelii

大 幼魚4cm。分 北海道以南から九州、朝鮮半島南部、中国、台湾。生 成魚は沿岸の岩礁地、藻場や砂泥地、河口域などに生息する。幼魚は内湾の浅い砂泥地や藻場で見かけることが多いが、大きな潮だまりに入ることもある。

成魚40cm

幼魚は背びれが黒い

幼魚は体側に数本の暗色横帯がある

51

スズキ目フエフキダイ科

ヨコシマクロダイ
Monotaxis grandoculis

大 幼魚5cm。分 南日本、インド・太平洋。生 成魚は沿岸の岩礁地やサンゴ礁外縁部の礁斜面に生息する。成魚は全身が銀色で目立った斑紋はない。幼魚は浅いサンゴ礁や岩礁地周辺の砂底で見られる。伊豆半島にも現れることがある。

成魚40cm

幼魚は幅の広い暗色縦帯がある

幼魚の尾びれは黄色い

メイチダイ
Gymnocranius griseus

大 幼魚5cm。分 南日本、東部インド洋・西部太平洋の熱帯域。生 成魚は沿岸の砂礫底に生息する。幼魚は内湾の岩礁地近くの砂底で見られる。体側に数本の暗色横帯を現すが、この斑紋は瞬時に消すことができる。

成魚40cm

体側に数本の暗色横帯がある

幼魚は体高が低い

若魚10cm

スズキ目フエフキダイ科／ツバメコノシロ科

イトフエフキ
Lethrinus genivittatus

大 幼魚4cm。分 南日本、インド・西太平洋。生 成魚は沿岸の岩礁地やサンゴ礁周辺の砂底に生息する。大きな群れをつくることはない。幼魚は内湾の浅い岩礁地や藻場、その周辺の砂底で見かける。伊豆半島では普通に見られる。

成魚25cm

幼魚は頭部が黄色い

幼魚は体側下半部に3本の黄色縦帯がある

若魚10cm

ツバメコノシロ
Polydactylus plebeius

大 幼魚5cm。分 南日本、インド・西太平洋。生 成魚は内湾の砂泥底に生息し、汽水域にも入る。サンゴ礁の礁湖内でもよく見かける。幼魚は内湾の波打ち際近くで見られる。成魚は体側に多数の縦線があるが、幼魚にはない。

成魚12cm

背びれは2つに分かれる

遊離している軟条は5本ある

スズキ目ヒメジ科

ヨメヒメジ
Upeneus tragula

大 幼魚4cm。分 南日本、インド・西太平洋。生 成魚は沿岸の岩礁地周辺の砂底に生息する。サンゴ礁では礁湖内の浅い砂底で見かける。幼魚はサンゴ礁の浅場や内湾の岩礁地や砂底に生息するが、伊豆半島でも普通に見られる。

成魚22cm

体側に赤褐色の縦帯がある

各ひれに赤褐色の斑紋がある

※幼魚の基本的な体色や斑紋は成魚とあまり変わらない。

オオスジヒメジ
Parupeneus barberinus

大 幼魚4cm。分 南日本、インド・太平洋。生 成魚はサンゴ礁外縁部の砂底に生息する。幼魚は伊豆半島の浅場にも毎年現れる。成魚は体側の黒色縦帯と尾柄部の黒色斑が特徴だが、黒色縦帯が尾柄部の黒色斑につながっているものもいる。

成魚25cm

体側に黒色縦帯がある

幼魚は黒色縦帯と黒色斑がつながる

スズキ目ヒメジ科

オジサン
Parupeneus multifasciatus

大 幼魚5cm。分 南日本、インド・太平洋。生 成魚は沿岸の岩礁地やサンゴ礁周辺の砂底に生息する。幼魚は浅い岩礁地周辺の砂底で見られる。成魚・幼魚ともに体色は赤っぽいもの、紫色っぽいもの、白っぽいものなどよく変化させる。

成魚20cm

眼の後方に黒色斑がある

2本の目立った黒色縦帯がある

※幼魚の基本的な体色や斑紋は成魚とあまり変わらない。

リュウキュウヒメジ
Parupeneus pleurostigma

大 幼魚4cm。分 南日本、インド・太平洋。生 成魚は浅いサンゴ礁の砂底に生息する。幼魚は伊豆半島の浅い岩礁地や砂底に毎年現れる。成魚は体側中央に大きな黒色斑があり、その後ろにはっきしした白色斑があるのが特徴。

成魚20cm

体側中央に大きな黒色斑がある

幼魚は白色斑が不明瞭

スズキ目ヒメジ科

ホウライヒメジ
Parupeneus ciliatus

大 幼魚4cm。分 南日本、インド・太平洋。生 成魚は沿岸の岩礁地やサンゴ礁の砂底に生息する。幼魚は伊豆半島の浅い砂底で見られる。オキナヒメジに似るが、尾柄部の暗色斑は側線のやや下までのびるので区別できる。

成魚25cm

尾のつけ根の暗色斑は消えていることが多い

※幼魚の基本的な体色や斑紋は成魚とあまり変わらない。

オキナヒメジ
Parupeneus spilurus

大 幼魚4cm。分 南日本、インド・西太平洋。生 成魚は沿岸の岩礁地やサンゴ礁の砂底に生息する。幼魚は伊豆半島の浅い砂底で見られる。ホウライヒメジに似るが、尾柄部の側線より上に明瞭な暗色斑があるので区別できる。

成魚30cm

尾のつけ根には明瞭な暗色斑がある

※幼魚の基本的な体色や斑紋は成魚とあまり変わらない。

スズキ目ハタンポ科／チョウチョウウオ科

ツマグロハタンポ
Pempheris japonica

大 幼魚3cm。分 南日本、琉球列島、小笠原諸島、フィリピン。生 成魚は沿岸の岩礁地に生息する。夜行性で昼間は岩穴や崖下に隠れている。幼魚は内湾の浅い岩礁地で見られる。成魚は背びれと臀びれの先端が黒いのが特徴。

成魚10cm

幼魚は背びれと腹びれが褐色

幼魚の体色はやや黄色い

シマハタタテダイ
Heniochus singularis

大 幼魚5cm。分 南日本、インド・太平洋。生 成魚はサンゴ礁の潮通しのよい礁斜面に生息する。ペアでいることが多い。幼魚は稀に伊豆半島にも現れる。オニハタタテダイに似るが、眼を通る黒色帯は短い。

成魚20cm

眼を通る黒色横帯は眼の上から始まる

幼魚は体側の縞模様がはっきりしている

57

スズキ目チョウチョウオ科

ムレハタタテダイ
Heniochus diphreutes

大 幼魚5cm。分 南日本、インド・太平洋。生 成魚は沿岸の岩礁地やサンゴ礁に生息する。大きな群れをつくる。幼魚はやや内湾の岩礁地や藻場、転石のある砂底に現れる。伊豆半島でも夏から秋に幼魚は普通に見られる。

成魚16cm

背びれの先端が長く伸びる

※幼魚の基本的な体色や斑紋は成魚とあまり変わらない。

ミナミハタタテダイ
Heniochus chrysostomus

大 幼魚4cm。分 南日本、インド・西太平洋。生 成魚はサンゴ礁の礁斜面に生息し、ペアまたは小さな群れをつくる。体側に3本の暗色斜帯が平行に走る。幼魚は内湾の浅場で見られる。幼魚の臀びれの眼状斑は成魚になると消失する。

成魚15cm

幼魚は臀びれに眼状斑がある

スズキ目チョウチョウウオ科

タキゲンロクダイ
Coradion altivelis

大 幼魚5cm。**分** 南日本、インド・西太平洋。**生** 成魚はサンゴ礁の礁斜面に生息する。単独でいることが多い。幼魚は伊豆半島ではやや深い岩礁地で見かける。幼魚の背びれには白い縁取りのある眼状斑があるが、成魚では消失する。

成魚15cm

幼魚は背びれの後部に眼状斑がある

トゲチョウチョウウオ
Chaetodon auriga

大 幼魚3cm。**分** 南日本、インド・太平洋。**生** 成魚は沿岸の岩礁地やサンゴ礁に生息する。幼魚は伊豆半島でも普通に見られ、潮だまりに入ることもある。幼魚の背びれ後部の眼状斑は変形するが、成魚になっても消失しない。

成魚18cm

背びれの後部に眼状斑がある

幼魚は体側の模様がはっきりしない

59

スズキ目チョウチョウウオ科

チョウハン
Chaetodon lunula

大 幼魚4cm。分 南日本、インド・太平洋。生 成魚はサンゴ礁外縁部の礁斜面に生息する。ペアまたは小さな群れをつくることがある。幼魚は伊豆半島でも夏から秋に見られる。潮だまりに入ることもあるが、数はあまり多くない。

成魚18cm

チョウチョウウオ幼魚に比べて白色横帯がはっきりしている

幼魚は背びれの後部に眼状斑がある（成長に伴って消失する）

フウライチョウチョウウオ
Chaetodon vagabundus

大 幼魚3cm。分 南日本、インド・太平洋。生 成魚は沿岸の岩礁地やサンゴ礁外縁部の礁斜面に生息する。ペアをつくっていることが多い。幼魚は夏から秋に伊豆半島でも見られる。小さな幼魚は潮だまりで見かけることもある。

成魚15cm

背びれの後部に眼状斑がある（成長に伴って消失する）

幼魚は体側の模様がはっきりしない

スズキ目チョウチョウウオ科

テングチョウチョウウオ
Chaetodon selene

大 幼魚3cm。分 南日本、西部太平洋。生 成魚は沿岸の岩礁地やサンゴ礁に生息する。生息水深はやや深い。成魚の体側には黄金斑が数列、線状に連なることが特徴。幼魚は伊豆半島にも現れるが、数は少ない。

成魚12cm

幼魚の体側には目立った斑紋がない

チョウチョウウオ
Chaetodon auripes

大 幼魚2.5cm。分 南日本、台湾、フィリピン。生 成魚は沿岸の岩礁地やサンゴ礁に生息する。伊豆半島では成魚・幼魚ともに、チョウチョウウオ類では最も普通に見られる種類。幼魚は夏から秋に多く、潮だまりでもよく見かける。

成魚16cm

幼魚は背びれの後部に眼状斑がある（成長に伴って消失する）

幼魚は尾のつけ根が黒色

61

スズキ目チョウチョウウオ科

ミゾレチョウチョウウオ
Chaetodon kleinii

大 幼魚5cm。**分** 南日本、インド・太平洋。**生** 成魚は沿岸の岩礁地やサンゴ礁の礁斜面に生息する。群れをつくっていることが多い。肉食性で主にサンゴ類のポリプを食べている。幼魚は伊豆半島にも現れ、潮だまりにも入る。

成魚9cm

2本の白色横帯がある

※幼魚の基本的な体色や斑紋は成魚とあまり変わらない。

シラコダイ
Chaetodon nippon

大 幼魚4cm。**分** 南日本、台湾、フィリピン。**生** 成魚は沿岸のやや深い岩礁地に生息し、サンゴ礁ではあまり見られない。雑食性の温帯に適応したチョウチョウウオ類。群れていることが多い。幼魚は伊豆半島では浅い岩礁地で見られる。

成魚12cm

幼魚は背びれの後部に眼状斑がある(成長に伴って消失する)

62

スズキ目チョウチョウウオ科

アケボノチョウチョウウオ
Chaetodon melannotus

大 幼魚3cm。分 南日本、インド・太平洋。生 成魚はサンゴ礁の礁斜面や礁湖に生息する。雑食性でサンゴ類のポリプや藻類をよく食べる。幼魚は伊豆半島にも現れることがある。稀に潮だまりでも見かけるが、数は少ない。

成魚15cm

幼魚は尾のつけ根に眼状斑がある（成長すると不明瞭になる）

ゴマチョウチョウウオ
Chaetodon citrinellus

大 幼魚4cm。分 南日本、インド・太平洋。生 成魚は沿岸の岩礁地やサンゴ礁の礁斜面に生息する。幼魚は時々伊豆半島にも現れるが、数は少ない。雑食性のチョウチョウウオ類で、藻類やホヤ類などの小動物を食べている。

成魚10cm

※幼魚の基本的な体色や斑紋は成魚とあまり変わらない。

体側に小黒点が散在する

臀びれに黒い縦帯がある

63

スズキ目キンチャクダイ科

サザナミヤッコ
Pomacanthus semicirculatus

大 幼魚5cm。**分** 南日本、インド・太平洋。**生** 成魚は沿岸の岩礁地やサンゴ礁の礁斜面に生息する。雑食性で藻類・カイメン類・ホヤ類などの付着生物を食べている。幼魚は伊豆半島にも現れ、浅い岩礁地の岩の割れ目などで見られる。

成魚40cm

幼魚は吻の端から背中に白色縦線がある

幼魚の体側の縦線はくの字に曲がる

若魚18cm

タテジマキンチャクダイ
Pomacanthus imperator

大 幼魚8cm。**分** 南日本、インド・太平洋。**生** 成魚は沿岸の岩礁地やサンゴ礁に生息する。雑食性で藻類・カイメン類・ホヤ類などの付着生物を食べる。幼魚は稀に伊豆半島にも現れ、浅い岩礁地の小さな岩穴などで見られることがある。

成魚35cm

幼魚の体側の縦線は渦を巻く

若魚10cm

スズキ目キンチャクダイ科

キンチャクダイ
Chaetodontoplus septentrionalis

大 幼魚3cm。**分** 南日本（沖縄を除く）、朝鮮半島、台湾、中国。**生** 成魚は沿岸の岩礁地に生息する。幼魚も成魚とほぼ同じ岩礁地で見られる。小さい幼魚の体側は黒色だが、成長に伴って青色縦線が現れる。

成魚22cm

幼魚は黄色い横帯がある

尾びれは黄色い

若魚6cm

アカネキンチャクダイ
Chaetodontoplus chrysocephalus

大 幼魚5cm。**分** 南日本（沖縄を除く）、西部太平洋。**生** 成魚は沿岸の岩礁地に生息する。幼魚も成魚とほぼ同じ岩礁地で見られる。最近の研究では、本種はキンチャクダイとキヘリキンチャクダイの交雑種とされている。

成魚22cm

幼魚は黄色い横帯がある

体側後半部はやや暗色になる

スズキ目キンチャクダイ科

シテンヤッコ
Apolemichthys trimaculatus

大 幼魚5cm。分 南日本、インド・太平洋。生 成魚は沿岸の岩礁地やサンゴ礁の礁斜面に生息する。雑食性で藻類・カイメン類・ホヤ類などの付着生物を食べる。幼魚は伊豆半島にも現れ、やや深い岩礁地や転石のある砂底で見られる。

成魚30cm

幼魚は背びれ後方の基部に眼状斑がある（成長に伴って消失する）

ニシキヤッコ
Pygoplites diacanthus

大 幼魚4cm。分 南日本、インド・太平洋。生 成魚はサンゴ礁の礁斜面に生息する。幼魚はサンゴ礁のドロップオフや崖の岩穴で見られる。雑食性で藻類・カイメン類・ホヤ類などの付着生物を食べる。成魚の背びれ後部は青色になる。

成魚25cm

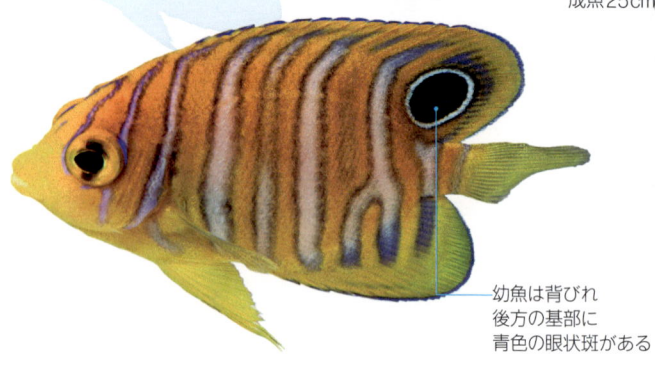

幼魚は背びれ後方の基部に青色の眼状斑がある

スズキ目カワビシャ科／ゴンベ科

テングダイ
Evistias acutirostris

大 幼魚7cm。分 南日本、西部太平洋。生 成魚は沿岸のやや深い岩礁地やサンゴ礁に生息する。成魚は体側の黒い横帯と下顎に密生する短いヒゲが特徴。伊豆半島では幼魚はやや深い岩礁地近くの砂底で見られる。

成魚45cm

短いヒゲがある

幼魚は白い斑紋がある

オキゴンベ
Cirrhitichthys aureus

大 幼魚5cm。分 南日本、インド・西部太平洋。生 成魚・幼魚ともに沿岸のソフトコーラルの多い岩礁地に生息する。ゴンベ科の魚は、背びれのトゲの先端に小さな皮弁が多数あることが特徴。底生性で胸びれで体を支えている。

成魚10cm

先端に小さな皮弁が多数ある

※幼魚の基本的な体色や斑紋は成魚とあまり変わらない。

スズキ目タカノハダイ科

タカノハダイ
Goniistius zonatus

大 若魚9cm。分 南日本、朝鮮半島、中国、台湾。生 成魚は沿岸の浅い岩礁地や藻場に生息する。幼魚はやや内湾の浅い岩礁地や砂底で見られる。成魚や若魚の尾びれには白色斑があるが、5cm以下の幼魚にはこの白色斑がない。

成魚30cm

若魚（幼魚）は背びれの中央に眼状斑がある

若魚は尾びれに白色斑がある

ユウダチタカノハ
Goniistius quadricornis

大 幼魚5cm。分 南日本、朝鮮半島、中国、台湾。生 成魚は沿岸の岩礁地や周辺の砂底に生息する。幼魚はやや浅い岩礁地で見られる。タカノハダイに似るが数は少なく、尾びれに白色斑がないことで区別できる。

成魚30cm

尾びれに白色斑がない

※幼魚の基本的な体色や斑紋は成魚とあまり変わらない。

スズキ目タカノハダイ科／ウミタナゴ科

ミギマキ
Goniistius zebra

大 幼魚4cm。**分** 南日本、台湾。**生** 成魚は沿岸の岩礁地に生息する。幼魚はやや内湾の浅い岩礁地や藻場で見られる。ユウダチタカノハに似るが、本種の成魚は体色が黄色で唇が赤いのが特徴。幼魚はやや丸みのある体形。

成魚30cm

幼魚は唇が赤くない

マタナゴ
Ditrema temminckii pacificum

大 幼魚4.5cm。**分** 房総半島から四国南部、瀬戸内海。**生** 成魚は沿岸の浅い岩礁地に生息する。幼魚はやや内湾の浅い藻場で見られる。ウミタナゴ科の魚は胎生魚として有名。交尾し、4〜7月に卵ではなく仔魚を産む。

成魚18cm

※幼魚の基本的な体色や斑紋は成魚とあまり変わらない。

体色は銀色に近い

スズキ目スズメダイ科

クマノミ
Amphiprion clarkii

大 幼魚4cm。**分** 南日本、インド・太平洋。**生** 成魚・幼魚ともに岩礁地やサンゴ礁に生息する。サンゴイソギンチャクなどの大型のイソギンチャク類と共生している。成魚の雄の尾びれは黄色で、雌は乳白色。雄から雌へ性転換する魚として知られている。

成魚(雄)11cm

体色は茶色

成魚(雌)10cm

3本の白色横帯がある

スズメダイ
Chromis notatus notatus

大 幼魚3cm。**分** 千葉県・秋田県以南の南日本。東シナ海。**生** 成魚は沿岸の浅い岩礁地に生息し、群れをつくる。幼魚はやや内湾の浅い藻場で見られる。産卵期は夏で、雄は岩の表面を掃除して雌に産卵させ、卵が孵化するまで守る。

成魚10cm

背びれ後方基部に白色斑がある

※幼魚の基本的な体色や斑紋は成魚とあまり変わらない。

スズキ目スズメダイ科

コガネスズメダイ
Chromis albicauda

大 幼魚3cm。**分** 南日本、朝鮮半島、中・西部太平洋。**生** 成魚はやや深い岩礁地に生息し、単独または小さな群れをつくる。幼魚も成魚とほぼ同じ場所で見られる。幼魚の尾びれは黄色いが、成魚の尾びれは乳白色。

成魚10cm

若魚6cm

幼魚は尾びれも含めて全身が黄色い

ミツボシクロスズメダイ
Dascyllus trimaculatus

大 幼魚3cm。**分** 南日本、西太平洋。**生** 成魚は浅いサンゴ礁の礁斜面に生息する。クマノミ類などと同様に大型のイソギンチャク類と共生する。幼魚は夏から秋に伊豆半島でも見られ、主にサンゴイソギンチャクと共生している。

成魚10cm

幼魚は頭部と体側の白色斑が大きい（成長に伴って不明瞭になる）

71

スズキ目スズメダイ科

シマスズメダイ
Abudefduf sordidus

大 幼魚3cm。**分** 南日本、朝鮮半島、インド・西太平洋。**生** 成魚はサンゴ礁の浅場に生息する。幼魚は夏の伊豆半島にも現れ、潮だまりにも入る。成魚は体側の暗色横帯がはっきりしていて、尾柄部に黒色斑がある。

成魚15cm

幼魚は背びれと背びれ後方基部に黒色斑がある

幼魚は体側の暗色横帯が不明瞭

ロクセンスズメダイ
Abudefduf sexfasciatus

大 幼魚3cm。**分** 南日本、インド・西太平洋。**生** 成魚はサンゴ礁の浅場に生息し、群れをつくる。幼魚は伊豆半島でも見られ、潮だまりにも入る。成魚・幼魚ともにオヤビッチャによく似るが、尾びれの上下両葉に黒色帯があるので区別できる。

成魚15cm

※幼魚の基本的な体色や斑紋は成魚とあまり変わらない。

尾びれの上下両葉に黒色帯がある

スズキ目スズメダイ科

オヤビッチャ
Abudefduf vaigiensis

大 幼魚2.5cm。**分** 南日本、インド・西太平洋。**生** 成魚はサンゴ礁の浅場に生息し、サンゴの周りで群れをつくる。幼魚は夏に伊豆半島にも現れる。潮だまりにも入ることもあるが、流れ藻や浮きゴミについて漂っていることもある。

成魚15cm

背びれと体側の上部が黄色い

※幼魚の基本的な体色や斑紋は成魚とあまり変わらない。

クロスズメダイ
Neoglyphidodon melas

大 幼魚5cm。**分** 奄美大島以南、インド・西太平洋。**生** 成魚はサンゴ礁外縁部の礁斜面や礁湖内の浅場に生息する。群れをつくらず、いつも単独でいる。幼魚はやや内湾のサンゴ礁の浅場で見られる。雑食性で藻類や小動物を食べる。

成魚15cm

幼魚は背部が黄色い

幼魚は腹びれと臀びれが青い

73

スズキ目スズメダイ科

ヒレナガスズメダイ
Neoglyphidodon nigroris

大 幼魚5cm。**分** 高知県以南、インド・西太平洋。**生** 成魚はサンゴ礁の礁斜面や礁湖内に生息する。幼魚はやや内湾の浅いサンゴ礁で見られる。成魚は頭部に2本の黒色横帯がある。雑食性で藻類や小動物を食べる。

成魚12cm

幼魚は体色が黄色い

幼魚は2本の黒色縦帯がある

ソラスズメダイ
Pomacentrus coelestis

大 幼魚3cm。**分** 南日本、インド・西太平洋。**生** 成魚は浅い岩礁地やサンゴ礁で群れをつくる。成魚・幼魚ともに伊豆半島では浅い岩礁地で普通に見られる。産卵期は5〜9月で、雄は転石の下に巣をつくって雌を産卵させる。

成魚6cm

※幼魚の基本的な体色や斑紋は成魚とあまり変わらない。

黄色い部分の大きさには個体差がある

スズキ目スズメダイ科

ナガサキスズメダイ
Pomacentrus nagasakiensis

大 幼魚2cm。分 南日本、インド・西太平洋。生 成魚は沿岸の岩礁地やサンゴ礁の礁斜面に生息する。幼魚は伊豆半島でも浅い岩礁地で見られる。幼魚や若魚は紺色または青い体色だが、成魚になると体色はほぼ黒色になる。

成魚12cm

若魚6cm

幼魚や若魚は背びれの後部に眼状斑がある

セダカスズメダイ
Stegastes altus

大 幼魚4cm。分 南日本、台湾。生 成魚は沿岸の岩礁地やサンゴ礁の礁斜面に生息する。幼魚はやや内湾の岩礁地の浅場で見られる。成魚の体色は茶色が多いが、地域差がある。大きなゴロタ石の隙間を住み家にしている。

成魚13cm

幼魚は体の前半が緑がかった茶色

幼魚の尾びれは白い

75

スズキ目シマイサキ科／ユゴイ科

コトヒキ
Terapon jarbua

大幼魚2.5cm。**分**南日本、インド・太平洋。**生**成魚は沿岸の浅場や河口域に生息する。砂泥底の環境でよく見かける。伊豆半島では夏から秋に、幼魚が潮だまりで見られる。成魚は体側に弓形の黒色縦帯が3本並ぶのが特徴。

成魚15cm

若魚6cm

幼魚や若魚は背びれに眼状斑がある

ギンユゴイ
Kuhlia mugil

大幼魚3cm。**分**南日本、インド・太平洋。**生**成魚は沿岸の岩礁地に生息する。波の当たる岩礁付近の水面下で群れをつくる。幼魚は伊豆半島の潮だまりでも普通に見られる。尾びれの黒色帯は成魚になると5本に増える。

成魚18cm

若魚8cm

幼魚の尾びれの黒色帯は2本

スズキ目イシダイ科

イシダイ
Oplegnathus fasciatus

大 幼魚4cm。**分** 日本各地、韓国、台湾。**生** 成魚は沿岸の岩礁地に生息する。幼魚は浅い岩礁地で見られるが、3cm以下のものは流れ藻についていることもある。老成した雄は眼から口にかけて黒くなり、俗にクチグロと呼ばれる。

成魚50cm

幼魚は体側の黒色横帯がはっきりしている

イシガキダイ
Oplegnathus punctatus

大 幼魚3cm。**分** 南日本、中・西部太平洋。**生** 成魚は沿岸の岩礁地に生息する。幼魚は流れ藻についているのをよく見かける。流れ藻についている幼魚は、体色が茶色。老成した雄は吻が白くなり、俗にクチジロと呼ばれる。

成魚40cm

幼魚の体色は茶色い

幼魚の尾びれは透明

若魚15cm

スズキ目イスズミ科／カゴカキダイ科

イスズミ
Kyphosus vaigiensis

大 幼魚3cm。分 南日本、インド・太平洋。生 成魚は沿岸の岩礁地やサンゴ礁に生息する。波の荒い岩礁付近の、水面下で群れをつくるやや外洋性の魚。幼魚は流れ藻や浮きゴミなどの漂流物についているのをよく見かける。

成魚35cm

※幼魚の基本的な体色や斑紋は成魚とあまり変わらない。

幼魚は体側の下半部に白色斑点がある

カゴカキダイ
Microcanthus strigatus

大 幼魚2.5cm。分 南日本、中・西部太平洋。生 成魚は沿岸の岩礁地に生息し、群れをつくる。幼魚は潮だまりでもよく見られる。2cm以下の幼魚は黒色縦帯が不明瞭だが、3cm以上の幼魚は成魚とほぼ同じ黒色縦帯を現す。

成魚15cm

頭部に黒色横帯がある

幼魚は体高が高い

スズキ目メジナ科

メジナ
Girella punctata

大 幼魚2.5cm。分 北海道南部以南、東シナ海、台湾。生 成魚は沿岸の岩礁地に生息し、群れをつくる。クロメジナに似るが、各鱗の基部に暗色斑があり、鰓蓋の後縁は黒くないことで区別できる。幼魚は潮だまりでよく見られる。

成魚25cm

幼魚は全体的に細長い体形だが、成長に伴って体高は高くなる

※幼魚の基本的な体色や斑紋は成魚とあまり変わらない。

クロメジナ
Girella leonina

大 幼魚3.5cm。分 南日本、東シナ海。生 成魚は沿岸の岩礁地に生息し、群れをつくる。メジナに似るが、各鱗の基部に暗色斑がなく、鰓蓋の後縁が黒いことで区別できる。幼魚は浅い岩礁地や潮だまりでよく見られる。

成魚25cm

鰓蓋の後縁が黒い

※幼魚の基本的な体色や斑紋は成魚とあまり変わらない。

スズキ目メジナ科／イボダイ科

オキナメジナ
Girella mezina

大 幼魚4cm。**分** 南日本、東シナ海。**生** 成魚は沿岸の岩礁地やサンゴ礁外縁部の波の荒い岩場に生息する。幼魚は伊豆半島でも浅い岩礁地や潮だまりで見られる。老成した成魚の体側中央には黄白色の1横帯がない。

若魚15cm

※幼魚の基本的な体色や斑紋は若魚とあまり変わらない。

体側中央に黄白色の横帯がある

イボダイ
Psenopsis anomala

大 幼魚3cm。**分** 日本各地、朝鮮半島、中国、台湾。**生** 成魚は大陸棚の底部に生息するが、稀に沿岸の岩礁地にも現れる。幼魚は大型のクラゲ類についているのを見かける。クラゲ類、オキアミ類、サルパ類などを食べている。

成魚20cm

幼魚は体色が黒く、全体的に丸い体形

80

スズキ目ベラ科

コブダイ
Semicossyphus reticulatus

大 幼魚5cm。分 下北半島以南の南日本、朝鮮半島。生 成魚は沿岸のやや深い岩礁地に生息する。幼魚は伊豆半島でも浅い岩礁地や藻場で見られる。成長した雄は額がこぶ状に突き出る。幼魚は胸びれを除く各ひれに黒色斑がある。

成魚(雄)80cm

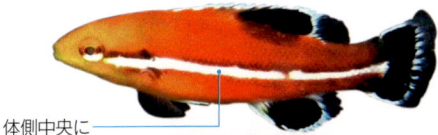

体側中央に白色縦帯がある

若魚30cm

成魚(雌)50cm

イラ
Choerodon azurio

大 幼魚4cm。分 南日本、朝鮮半島、中国、台湾。生 成魚は沿岸の岩礁地やその周辺の砂底に生息する。幼魚はやや浅い岩礁地や転石のある砂底で見られる。成魚は体側にある暗色の斜走帯とそれに接する白色帯が特徴。

成魚45cm

幼魚は背びれの後方に眼状斑がある

スズキ目ベラ科

キツネベラ
Bodianus bilunulatus

大 幼魚5cm。分 南日本、インド・西太平洋。生 成魚は沿岸の岩礁地やサンゴ礁に生息する。幼魚は伊豆半島にも現れる。幼魚の体側後半部には幅の広い黒色横帯があるが、これは成長に伴って黒色斑となり老成すると消失する。

成魚（雄）40cm

幼魚の頭部は黄色い

幼魚は幅の広い黒色横帯がある

若魚25cm

カマスベラ
Cheilio inermis

大 幼魚5cm。分 南日本、インド・太平洋。生 成魚は沿岸の岩礁地やサンゴ礁に生息する。幼魚は伊豆半島でも浅い藻場で見られる。カマスに似た細長い体形が特徴で、色彩は変異が多い。稀に全身黄色の個体もいる。

成魚（雄）30cm

幼魚は赤褐色の不規則な模様がある

若魚15cm

スズキ目ベラ科

クギベラ
Gomphosus varius

大 幼魚5cm。分 南日本、インド・中部太平洋。生 成魚は主にサンゴ礁の礁斜面に生息する。雌雄で色彩や斑紋が異なる。とがった口が特徴で、主に小動物を食べる肉食性。幼魚は伊豆半島にも現れ、浅い岩礁地で見られる。

成魚(雄)20cm

幼魚は体側に1本の白色縦帯と2本の黒色縦帯がある

成魚(雌)15cm

ホンソメワケベラ
Labroides dimidiatus

大 幼魚4cm。分 南日本、インド・太平洋。生 成魚は岩礁地やサンゴ礁に生息。幼魚も成魚と同じ場所で見られる。本種は他の魚についた寄生虫を食べるクリーナーとして有名。この性質は幼魚期も同じで、他の魚をクリーニングをする。

成魚8cm

幼魚の背部には青色縦帯がある

幼魚の体色は黒色

若魚6cm

83

スズキ目ベラ科

オハグロベラ
Pteragogus aurigarius

大 幼魚5cm。**分** 南日本、インド・西太平洋。**生** 成魚は沿岸の岩礁地に生息する。幼魚は浅い岩礁地や藻場で見られる。大きな雄はなわばりをつくり、夏の日没前の時間帯になると、なわばり内の複数の雌とペアで産卵する。

成魚(雄)20cm

幼魚は鰓蓋に眼状斑がある

不規則な赤褐色の斑紋がある

成魚(雌)12cm

ホシササノハベラ
Pseudolabrus sieboldi

大 幼魚4cm。**分** 南日本、朝鮮半島、台湾。**生** 成魚は沿岸の岩礁地に生息する。幼魚はやや浅い岩礁地で見られる。アカササノハベラと似るが、本種は体側に白色斑が多数あり、眼から後方へ延びる縦線が胸びれに達しないのが特徴。

成魚(雄)22cm

成魚(雌)18cm

体側に小さな白色斑が多数ある

※幼魚の基本的な体色や斑紋は成魚とあまり変わらない。

スズキ目ベラ科

カミナリベラ
Stethojulis interrupta terina

大 幼魚3cm。**分** 南日本、西部太平洋。**生** 成魚は沿岸の浅い岩礁地に生息する。成魚は雌雄で体色と斑紋が異なる魚。夏から秋に大きな群れをつくって遊泳している。幼魚はやや内湾の浅い岩礁地で見られ、潮だまりにも入る。

成魚(雄)12cm

幼魚は背部と体側中央に暗褐色の縦帯がある

幼魚は背びれの後部に眼状斑がある

成魚(雌)10cm

セナスジベラ
Thalassoma hardwicke

大 幼魚4cm。**分** 南日本、インド・太平洋。**生** 成魚はサンゴ礁の礁斜面の浅場に生息する。幼魚は稀に伊豆半島にも現れ、大きな潮だまりに入ることもある。成魚は体側上方に6本の鞍状の横帯があるのが特徴。

成魚(雄)15cm

幼魚は背びれの前部と中央に眼状斑がある

スズキ目ベラ科

ニシキベラ
Thalassoma cupido

大 幼魚3cm。**分** 南日本、朝鮮半島、中国、台湾。**生** 成魚は沿岸の浅い岩礁地に生息する。成魚の雌雄の体色差は少ない。雄は縄張りをもち、よく闘争しているのを見かける。幼魚はやや内湾の浅い岩礁地や潮だまりで見られる。

成魚13cm

幼魚は背びれに多数の黒色斑がある

キュウセン
Parajulis poecilopterus

大 幼魚5cm。**分** 函館以南〜九州、朝鮮半島、シナ海。**生** 成魚は沿岸の岩礁地や転石のある砂底に生息する。幼魚は浅い岩礁地やその周辺の砂底で見られ、潮だまりにも入る。幼魚の色彩や斑紋は成魚の雌とほぼ同じ。

成魚(雄)25cm

成魚(雌)20cm

背部と体側中央に黒色縦帯がある

スズキ目ベラ科

ホンベラ
Halichoeres tenuispinis

大 幼魚4cm。**分** 下北半島以南〜九州、東シナ海。**生** 成魚は沿岸の浅い岩礁地に生息する。まとまった大きな群れはつくらないが、分散した群れをつくる。幼魚は浅い岩礁地や藻場、潮だまりなどで見られる。幼魚は成魚の雌ほぼと同じ体色。

成魚（雄）15cm

成魚（雌）12cm

幼魚は背びれと尾びれに眼状斑がある

コガネキュウセン
Halichoeres chrysus

大 幼魚6cm。**分** 南日本、西部太平洋。**生** 成魚はサンゴ礁やその周辺の砂礫底に生息する。幼魚は伊豆半島にも現れ、転石のある砂底で見られる。成魚の雄は背びれの先端部に黒色斑があるのが特徴。肉食性で小動物を食べる。

成魚（雄）12cm

幼魚は背びれに眼状斑がある

87

スズキ目ベラ科

カンムリベラ
Coris aygula

大 幼魚6cm。**分** 南日本、インド・太平洋。**生** 成魚はサンゴ礁やその周辺の砂礫底に生息する。老成した雄は頭部がコブ状に突き出し、全長1mにもなる。幼魚は伊豆半島にも現れ、浅い岩礁地や転石のある砂底で見られる。

成魚40cm

幼魚は背びれに2つの眼状斑がある

幼魚は体側に2つの橙色の斑紋がある

ツユベラ
Coris gaimard

大 幼魚6cm。**分** 南日本、インド・太平洋。**生** 成魚はサンゴ礁やその周辺の砂礫底に生息する。肉食性で底生の小動物などを食べている。幼魚は伊豆半島にも毎年現れ、浅い岩礁地や転石のある砂底で見られる。

成魚30cm

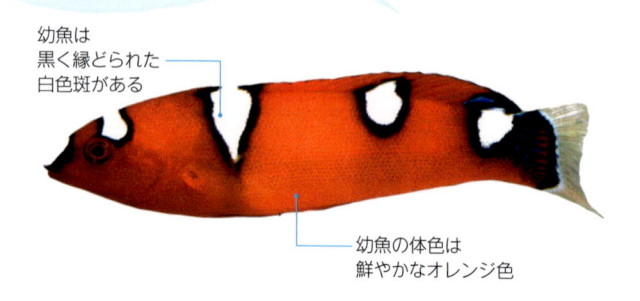

幼魚は黒く縁どられた白色斑がある

幼魚の体色は鮮やかなオレンジ色

スズキ目ベラ科

ムスメベラ
Coris picta

大 幼魚4cm。分 南日本、台湾。生 成魚は沿岸の岩礁地周辺の砂底に生息する。幼魚はやや浅い岩礁地の転石のある砂底で見られる。ホンソメワケベラと同様に、他の魚についている寄生虫を食べるクリーナーとして知られる。

成魚(雄)18cm

幼魚は背部に白色縦帯がある

成魚(雌)12cm

幼魚の体色は黒色

シロタスキベラ
Hologymnosus doliatus

大 幼魚8cm。分 南日本、インド・太平洋。生 成魚はサンゴ礁の礁斜面やその周辺の砂礫底に生息する。肉食性で底生の小動物などを食べている。幼魚は伊豆半島でも毎年現れ、浅い岩礁地や転石のある砂底で見られる。

成魚(雄)30cm

幼魚は3本の赤褐色の縦帯がある

幼魚の体色は黄白色

スズキ目ベラ科

メガネモチノウオ
Cheilinus undulatus

大 幼魚15cm。**分** 和歌山県以南、インド・太平洋。**生** 成魚はサンゴ礁外縁部の潮通しのよい場所に生息する。幼魚はサンゴ礁の内湾や藻場で見られる。老成すると頭部がコブ状に突き出る。俗にナポレオンフィッシュと呼ばれる。

成魚1.2m

若魚90cm

幼魚や若魚は眼の後方に縦帯がある

オビテンスモドキ
Novaculichthys taeniourus

大 幼魚6cm。**分** 南日本、インド・太平洋。**生** 成魚はサンゴ礁周辺の砂礫底に生息する。肉食性で底生の小動物を食べる。幼魚は伊豆半島にも現れる。5cm以下の幼魚の体色は赤褐色で、褐藻類や紅藻類に隠れている。

成魚22cm

幼魚は背びれに2本の長いトゲがある

スズキ目ベラ科／ブダイ科

テンス
Iniistius dea

大 幼魚5cm。**分** 南日本、東部インド洋、西部太平洋。**生** 成魚は沿岸のやや深い砂泥底に生息するが、警戒心が強くてなかなか近寄れない。幼魚は浅い転石のある砂泥底で見られる。成魚・幼魚ともに危険を感じると一瞬で砂中に潜ることができる。

成魚25cm

幼魚の背びれの第1棘は長く伸びる

ブダイ
Calotomus japonicus

大 幼魚5cm。**分** 南日本、朝鮮半島、中国。**生** 成魚は沿岸の浅い岩礁地に生息する。伊豆半島では普通に見られる。雑食性で丈夫な歯で石灰藻などの海藻類や底生小動物を食べる。幼魚はやや内湾の岩礁地や藻場で見かける。

成魚(雄)40cm

幼魚は体側に白色斑点がある

成魚(雌)30cm

91

スズキ目ブダイ科

イロブダイ
Cetoscarus ocellatus

大 幼魚6cm。**分** 八丈島、和歌山県以南、黄海とハワイ諸島を除くインド・太平洋。**生** 成魚はサンゴ礁外縁部の礁斜面に生息する。成魚の雄と雌では体色や斑紋がまったく異なる魚。幼魚はサンゴ礁の浅場で見られる。

成魚（雄）60cm

幼魚は背びれ前方に眼状斑がある

成魚（雌）40cm

幼魚は頭部に幅の広い橙色の横帯がある

アオブダイ
Scarus ovifrons

大 幼魚4cm。**分** 南日本、台湾。**生** 成魚は沿岸の石灰藻の多い岩礁地に生息する。成魚の雄は頭部がコブ状に突き出ているが、雌には頭部のコブがない。幼魚は浅い岩礁地や藻場で見られ、大きな潮だまりにも入ることもある。

成魚60cm

幼魚は体側に3本の暗色縦帯がある

スズキ目ヘビギンポ科

ヘビギンポ
Enneapterygius etheostomus

大 幼魚3.5cm。分 南日本、朝鮮半島、台湾。生 成魚は沿岸の浅い岩礁地に生息する。写真の雄（上）は婚姻色。全身が黒色になり、体側に2本の白色横帯が現れる。伊豆半島では浅い岩礁地や潮だまりで見られる。

成魚6cm（産卵中）

体側に複雑な横帯がある

※幼魚の基本的な体色や斑紋は成魚とあまり変わらない。

ヒメギンポ
Springerichthys bapturus

大 幼魚4cm。分 北海道以南の南日本、朝鮮半島。生 成魚は沿岸の浅い岩礁地に生息する。写真の雄（右）は婚姻色で、ふだんよりも頭部と尾びれの黒色が強く現れている。幼魚は浅い岩礁地や潮だまりで見られる。

成魚7cm（産卵中）

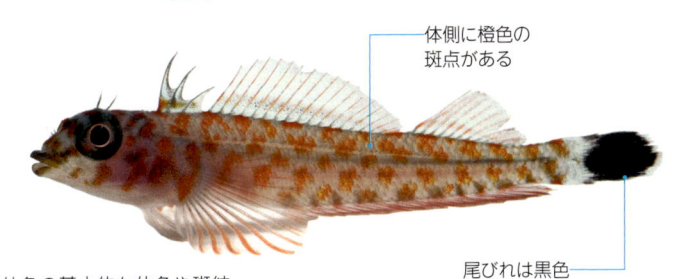

体側に橙色の斑点がある

尾びれは黒色

※幼魚の基本的な体色や斑紋は成魚とあまり変わらない。

スズキ目コケギンポ科／イソギンポ科

コケギンポ
Neoclinus bryope

大 幼魚4cm。**分** 青森県以南の南日本。**生** 成魚は浅い岩礁地に生息し、潮だまりにも入る。幼魚も成魚と同じ場所で見られる。小さな岩穴を住み家にするが、外に出ていることが多い。背びれの第1棘と2棘の間に黒色斑がある。

成魚8cm

眼の上に皮弁がある
背びれに黒色斑がある
体は細長い

※幼魚の基本的な体色や斑紋は成魚とあまり変わらない。

イソギンポ
Parablennius yatabei

大 幼魚4cm。**分** 青森県以南の南日本、朝鮮半島、中国、台湾。**生** 成魚は浅い岩礁地に生息し、潮だまりにも入る。幼魚も成魚とほぼ同じ場所で見られる。小さな岩穴を住み家にしている。眼の上に各々1本の皮弁があり、よく目立つ。

成魚7cm

眼の上に各々1本の皮弁がある
口は下向き

※幼魚の基本的な体色や斑紋は成魚とあまり変わらない。

スズキ目イソギンポ科

カエルウオ
Istiblennius enosimae

大 幼魚5cm。分 南日本、インド・太平洋。生 成魚は沿岸の浅い岩礁地に生息し、潮だまりにも入る。幼魚も成魚とほぼ同じ場所で見られる。岩の割れ目などを住み家にしている。雑食性で付着藻類や小型甲殻類などを食べる。

成魚12cm

背びれは2つ

口は下向き

体側の横帯は現れたり消えたりする

※幼魚の基本的な体色や斑紋は成魚とあまり変わらない。

ニジギンポ
Petroscirtes breviceps

大 幼魚3.5cm。分 青森県以南の南日本、西部太平洋。生 成魚は沿岸の浅い岩礁地や藻場に生息する。海底の空き缶などを住み家にし、そこで産卵することがある。幼魚は流れ藻や漂流物につき、潮だまりにも入る。

成魚10cm

体側中央に黒色縦帯ある

幼魚の体色は黒っぽい

※幼魚の基本的な体色や斑紋は成魚とあまり変わらない。

スズキ目ハゼ科

アカハチハゼ
Valenciennea strigata

大 幼魚5cm。**分** 南日本、インド・太平洋。**生** 成魚はサンゴ礁の浅い砂底や砂礫底に生息する。群れをつくることはなく、いつもペアでいる。幼魚は夏から秋に伊豆半島にも現れる。肉食性で砂中の小動物を食べている。

成魚14cm

頭部は黄色い

薄い青色の縦帯がある

※幼魚の基本的な体色や斑紋は成魚とあまり変わらない。

アゴハゼ
Chaenogobius annularis

大 幼魚3.5cm。**分** 北海道以南〜屋久島、朝鮮半島。**生** 成魚は沿岸の浅い岩礁地に生息する。幼魚は伊豆半島の潮だまりで最も普通に見られる魚。初夏から秋の潮だまりでは特に数が多く見られるが、冬になると姿を消す。

成魚8cm

※幼魚の基本的な体色や斑紋は成魚とあまり変わらない。

胸びれと尾びれが半透明で小黒点がある

スズキ目ハゼ科

サビハゼ
Sagamia geneionema

大 幼魚4.5cm。**分** 青森県以南〜九州、朝鮮半島。
生 成魚は沿岸の浅い砂泥底に生息する。幼魚は砂底の中層を群れで泳いでいることがある。下あごに多数のヒゲがあるのが特徴。産卵期は冬で、岩の下に巣穴をつくって産卵する。

成魚8cm

第1背びれに黒色斑がある

幼魚はヒゲが短く数が少ない

※幼魚の基本的な体色や斑紋は成魚とあまり変わらない。

クツワハゼ
Istigobius campbelli

大 幼魚5cm。**分** 南日本、朝鮮半島、中国、台湾。**生** 成魚は沿岸の岩礁地周辺の砂底や藻場に生息する。岩の下に巣穴をつくって生活している。幼魚は浅い転石のある砂底で見られるが、大きな潮だまりでもよく見かける。

成魚8cm

眼の後方に暗色縦帯がある

※幼魚の基本的な体色や斑紋は成魚とあまり変わらない。

97

スズキ目ハゼ科

クモハゼ
Bathygobius fuscus

大 幼魚3.5cm。分 南日本、インド・太平洋。生 成魚は沿岸の浅い岩礁地や転石のある砂底に生息する。幼魚は潮間帯の潮だまりでよく見られる。第1背びれの上縁が黄色いのが特徴。空き缶などを住み家にしていることがある。

成魚8cm

幼魚は第1背びれの上縁が黄色い

幼魚は第1背びれに眼状斑がある

幼魚は体高が低い

※幼魚の基本的な体色や斑紋は成魚とあまり変わらない。

クロユリハゼ
Ptereleotris evides

大 幼魚3cm。分 南日本、インド・太平洋。生 成魚はサンゴ礁の礁湖や礁斜面に生息する。ペアまたは小さな群れで、流れに向かって泳ぐ。肉食性で動物性プランクトンを食べている。幼魚は伊豆半島にも現れ、潮だまりにも入る。

成魚10cm

幼魚の体は部分的に透明

幼魚は尾のつけ根に黄色と黒の斑紋がある

スズキ目マンジュウダイ科

ナンヨウツバメウオ
Platax orbicularis

大 幼魚5cm。**分** 南日本、インド・太平洋。**生** 成魚はサンゴ礁の礁斜面に生息する。大きな群れをつくることもある。幼魚は夏から秋に伊豆半島にも現れる。岸近くの水面下を泳いでいることもあるが、流れ藻や漂流物についていることもある。

成魚30cm

眼を通る暗色横帯がある

幼魚の体色は茶褐色

ミカヅキツバメウオ
Platax boersii

大 幼魚10cm。**分** 南日本、西部太平洋。**生** 成魚はサンゴ礁の礁斜面や礁湖に生息し、やや内湾の藻場で見られることもある。大きな群れをつくり移動していることもある。幼魚は秋に伊豆半島にも現れるが、単独の場合が多い。

成魚30cm

幼魚は薄い横帯がある

幼魚は腹びれが長く伸びる

スズキ目マンジュウダイ科／アイゴ科

アカククリ
Platax pinnatus

大 幼魚6cm。**分** 琉球列島以南、インド・西太平洋。**生** 成魚はサンゴ礁の礁斜面や礁湖に生息する。成魚は吻が突出しているのが特徴。小さな群れをつくっていることが多い。幼魚はサンゴ礁のやや内湾部で見られる。

成魚35cm

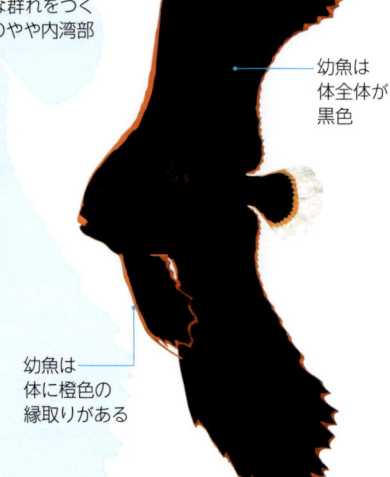

幼魚は体全体が黒色

幼魚は体に橙色の縁取りがある

アイゴ
Siganus fuscescens

大 幼魚3.5cm。**分** 下北半島以南の南日本、西部太平洋。**生** 成魚は沿岸の浅い岩礁地に生息する。背びれ・腹びれ・臀びれのトゲには毒があるので要注意。幼魚はやや内湾の岩礁地や藻場で大きな群れをつくり、潮だまりにも入る。

成魚30cm

幼魚の体色は灰色から茶褐色

幼魚は体側に白色斑点が散在する

スズキ目ツノダシ科／ニザダイ科

ツノダシ
Zanclus cornutus

大 幼魚7cm。**分** 南日本、インド・太平洋。**生** 成魚は沿岸の岩礁地やサンゴ礁に生息する。幼魚は浅い岩礁地で見られる。幼魚は体側の黒色横帯が成魚より薄いのが特徴だが、5cm以下の幼魚は黒色横帯がなく体色はほぼ銀色。

- 背びれは長く伸びる
- 口先は尖る
- 幼魚は縞模様が薄い

成魚18cm

ニザダイ
Prionurus scalprum

大 幼魚3cm。**分** 南日本、朝鮮半島、台湾。**生** 成魚は沿岸の岩礁地に生息し、大きな群れをつくる。尾柄部には4〜5個の骨質板があるのが特徴。幼魚はやや内湾の岩礁地浅場で見られ、大きな潮だまりで見かけることもある。

成魚35cm

- 幼魚は体高が高く、全体が丸い
- 尾びれは白色

101

スズキ目ニザダイ科

テングハギ
Naso unicornis

大 幼魚7cm。**分** 南日本、インド・太平洋。**生** 成魚はサンゴ礁外縁部の浅場に生息する。成魚は前頭部に角状突起が発達する。雑食性で藻類や動物性プランクトンを食べる。幼魚は伊豆半島の浅い岩礁地に現れることもある。

成魚45cm

幼魚には角状の突起はない

尾のつけ根に2つ骨質板があり、青色で彩られる

ナンヨウハギ
Paracanthurus hepatus

大 幼魚5cm。**分** 南日本、インド・太平洋。**生** 成魚はサンゴ礁の礁外縁の浅場に生息する。幼魚は礁湖や礁斜面の枝状サンゴの周りに群れている。驚くとサンゴの枝の間に逃げ込む。4cm以上の幼魚は成魚とほぼ同じ体色だが、それ以下は体形がやや丸い。

成魚20cm

幼魚はやや体高が高い

尾びれは黄色く、上下両葉は黒色

スズキ目ニザダイ科

ヒレナガハギ
Zebrasoma veliferum

大 幼魚6cm。分 南日本、インド・西太平洋。生 成魚はサンゴ礁の礁斜面や礁湖に単独でいることが多い。幼魚は礁斜面や礁湖の枝状サンゴの周りで見られる。成魚・幼魚ともに体側に黒褐色と黄白色の横帯が多数走るのが特徴。

成魚20cm

幼魚は体色が黄色っぽい

口先は尖る

背びれと臀びれが大きい

シマハギ
Acanthurus triostegus

大 幼魚4cm。分 南日本、インド・太平洋。生 成魚はサンゴ礁の礁斜面浅場で大きな群れをつくる。藻食性でサンゴや岩礁の付着藻類を食べている。幼魚は伊豆半島にも現れ、浅い岩礁地や大きな潮だまりで見られることがある。

成魚25cm

幼魚は成魚より体色の黄色みが薄い

体側に5～6本の黒色横帯がある

103

スズキ目ニザダイ科

サザナミハギ
Ctenochaetus striatus

大 幼魚4cm。分 南日本、インド・太平洋。生 成魚はサンゴ礁の礁斜面や礁湖の浅場に生息する。あまり大きな群れはつくらない。主に付着藻類を食べている。幼魚は伊豆半島にも現れ、浅い岩礁地や大きな潮だまりで見られる。

成魚18cm

幼魚は眼の周りに青いリング状斑がある

幼魚は背びれの基底後端に黒色斑がある

クログチニザ
Acanthurus pyroferus

大 幼魚7cm。分 南日本、インド・太平洋。生 成魚はサンゴ礁の礁斜面浅場に生息する。幼魚はサンゴ礁の礁湖浅場で見られる。幼魚の体色には全身黄色いもの、前後が黄灰色と黒色に分かれるものなど、いくつかのタイプがある。

成魚25cm

幼魚は全身が黄色い

口は突き出る

スズキ目ニザダイ科

モンツキハギ
Acanthurus olivaceus

大 幼魚3cm。分 南日本、インド・太平洋。生 成魚はサンゴ礁の礁斜面浅場に生息する。幼魚は伊豆半島でも見られる。3cm程度の幼魚の体色は全身黄色だが、6cmくらいから成魚と同じように鰓孔上部に細長い橙色斑が現れる。

成魚25cm

口はやや下向き

幼魚は全身が黄色い

ニジハギ
Acanthurus lineatus

大 幼魚4cm。分 南日本、インド・太平洋。生 成魚はサンゴ礁外縁部の波当たりの強い浅瀬に生息する。藻食性で主に付着藻類を食べている。幼魚は伊豆半島にも現れ、浅い岩礁地や大きな潮だまりで見られることがある。

成魚25cm

体側に青色縦帯が多数ある

※幼魚の基本的な体色や斑紋は成魚とあまり変わらない。

スズキ目ニザダイ科／カマス科

ニセカンランハギ
Acanthurus dussumieri

🐟幼魚7cm。分南日本、インド・西太平洋。生成魚はサンゴ礁外縁部の浅場に生息する。幼魚は伊豆半島の浅い岩礁地や大きな潮だまりで見られる。成魚は尾柄部の骨質板が白いが、幼魚にはまだこの特徴が現れていない。

成魚40cm

幼魚は骨質板が目立たない

尾びれに黄色い横帯がある

オニカマス
Sphyraena barracuda

🐟幼魚6cm。分南日本、東部太平洋を除く全世界の熱帯域。生成魚はサンゴ礁域に多く、沿岸や沖合いの表層に生息する。成魚は尾びれが黒く、後縁中央がへこむことが特徴。幼魚は稀に伊豆半島の浅い岩礁地にも現れる。

成魚1m

体側中央に黒色縦帯がある

口先が尖る

106

カレイ目ヒラメ科／ウシノシタ科

ヒラメ
Paralichthys olivaceus

大 幼魚6cm。分 北海道〜九州、サハリン、千島列島〜南シナ海。生 成魚は沿岸の砂泥底や、岩礁地周辺の砂底に生息する。肉食性で魚類・イカ類・甲殻類などを大きな口で食べる。幼魚はやや内湾の浅い砂底で見られる。

成魚45cm

口は大きく開く

※幼魚の基本的な体色や斑紋は成魚とあまり変わらない。

体色や斑紋をよく変化させる

クロウシノシタ
Paraplagusia japonica

大 幼魚11cm。分 北海道小樽以南の南日本、黄海、東シナ海、南シナ海。生 成魚は沿岸の砂泥底に生息する。幼魚はやや内湾の砂泥底や藻場で見られる。口が湾曲し、口唇に小さなヒゲ状の突起が多数あるのが特徴。

成魚30cm

体の左側に眼がある

※幼魚の基本的な体色や斑紋は成魚とあまり変わらない。

体色を変化させる

フグ目モンガラカワハギ科

アカモンガラ
Odonus niger

大 幼魚3cm。**分** 南日本、インド・西太平洋。**生** 成魚はサンゴ礁外縁部の潮通しのよい場所で群をつくる。幼魚はサンゴ礁では礁湖内の浅場で見られる。幼魚は伊豆半島の浅い岩礁地にも現れることがある。歯が赤いのが名前の由来。

成魚25cm

幼魚は体側に薄い縦帯がある

歯が赤い

イソモンガラ
Pseudobalistes fuscus

大 幼魚3cm。**分** 南日本、インド・太平洋。**生** 成魚はサンゴ礁の礁斜面や礁湖の砂礫底に生息する。群れをつくらず、単独でいる。肉食性でウニ類・甲殻類・ゴカイ類・貝類などを食べる。幼魚は伊豆半島にも現れ、転石のある砂底で見られる。

成魚35cm

若魚8cm

幼魚は体側に多数の小黒点がある

フグ目モンガラカワハギ科

ゴマモンガラ
Balistoides viridescens

大 幼魚3cm。分 南日本、インド・西太平洋。生 成魚はサンゴ礁の礁斜面や礁湖に生息し、単独生活する。幼魚は伊豆半島にも現れ、転石のある砂底で見られる。幼魚は危険を感じると、小さな岩穴へ逃げ込んで背びれを立てる。

成魚50cm

幼魚は黒色斑がある

幼魚は体表に細かい皮弁がある

キヘリモンガラ
Pseudobalistes flavimarginatus

大 幼魚4cm。分 南日本、インド・太平洋。生 成魚はサンゴ礁の礁斜面や礁湖に生息する。群れをつくることはなくいつも単独生活している。肉食性でウニ類・甲殻類・ゴカイ類・貝類などを食べる。幼魚は夏に伊豆半島にも現れる。

成魚45cm

幼魚は体表に細かい皮弁がある

ゴマモンガラ幼魚に似るが、本種の幼魚は暗色横帯が体下部まで届くのが特徴

109

フグ目モンガラカワハギ科

モンガラカワハギ
Balistoides conspicillum

大 若魚5cm。**分** 南日本、インド・太平洋。**生** 成魚はサンゴ礁の礁斜面や礁湖に生息する。幼魚は伊豆半島にも現れる。幼魚は口の周りだけが黄色いのが特徴。成長すると背部も黄色くなり、体側の白い水玉模様が大きくなる。

成魚30cm

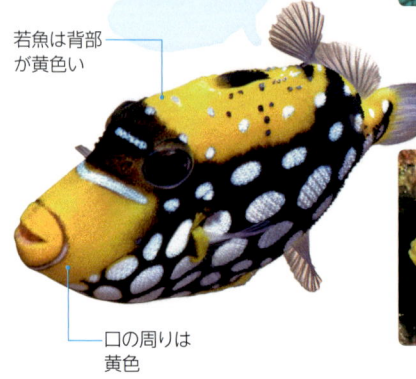

若魚は背部が黄色い

口の周りは黄色

幼魚3cm

ツマジロモンガラ
Sufflamen chrysopterum

大 幼魚4cm。**分** 南日本、インド・太平洋。**生** 成魚はサンゴ礁の礁斜面や礁湖に生息し、群れをつくらず単独生活する。幼魚は伊豆半島にも現れ、転石のある砂底で見られる。成魚は尾びれの後縁と上下の縁が白いのがよくわかる。

成魚18cm

幼魚は眼を通る黒色縦帯がある

尾びれの後縁と上下の縁が白い

幼魚は体側下半部が白色

フグ目モンガラカワハギ科／カワハギ科

クラカケモンガラ
Rhinecanthus verrucosus

大 幼魚4cm。分 南日本、インド・西太平洋。生 成魚はサンゴ礁の礁湖内の浅場に生息する。幼魚は稀に伊豆半島にも現れる。体側下半部にある大きな黒色斑が特徴で、成長に伴う体色や斑紋の変化は少ない。

成魚16cm

※幼魚の基本的な体色や斑紋は成魚とあまり変わらない。

体側下半部に大きな黒色斑があるが、幼魚ではややぼやけている

ソウシハギ
Aluterus scriptus

大 幼魚7cm。分 南日本、全世界の熱帯域。生 成魚はサンゴ礁の礁斜面の浅場に生息する。幼魚は流れ藻や漂流物についていることがあり、伊豆半島でも見られる。幼魚は10cmを超えると体に多数の青色縞模様が現れる。

成魚60cm

口は突き出る

幼魚の体色は茶色

尾びれが長い

フグ目カワハギ科

アミメハギ
Rudarius ercodes

大 幼魚3cm。分 青森県以南の南日本、朝鮮半島、台湾。生 成魚は沿岸の浅い岩礁地や藻場に生息する。まとまった大きな群れはつくらない。幼魚は浅い岩礁地や内湾のアマモ場などで見られる。幼魚は体側の白色斑が、網目状の模様になる。

成魚6cm

第1背びれの
トゲは固い

幼魚は
体側に多数の
白色斑がある

※幼魚の基本的な体色や斑紋は成魚とあまり変わらない。

カワハギ
Stephanolepis cirrhifer

大 幼魚3cm。分 北海道以南の南日本、東シナ海。生 成魚は沿岸の砂底や岩礁地に生息する。雄の背びれ軟条は長く伸びるが、雌は伸びない。幼魚は内湾の藻場に多く見られるが、流れ藻や漂流物についていることもある。

成魚(雄)26cm

第1背びれの
トゲは固い

成魚(雌)18cm

体側には不規則
な暗色斑がある

※幼魚の基本的な体色や斑紋は成魚とあまり変わらない。

フグ目ハコフグ科

ハコフグ
Ostracion immaculatus

大 幼魚3cm。分 岩手県以南の南日本、朝鮮半島、台湾。生 成魚は沿岸の岩礁地に生息する。雄は背中が青色で、雌や若魚は黄褐色。幼魚は浅い岩礁地で見られる。幼魚の体色は黄褐色で、体の斑点がミナミハコフグより小さい。

成魚（雄）20cm

全身に青と黒の小さな斑点が散在する

幼魚の体色は黄褐色

皮膚に粘液毒をもつ

成魚（雌）15cm

ミナミハコフグ
Ostracion cubicus

大 幼魚2.5cm。分 南日本、インド・太平洋。生 成魚はサンゴ礁の礁斜面や礁湖に生息する。成魚の雄は体色が青く尾柄部が黄色いのが特徴。幼魚は伊豆半島でも浅い岩礁地で見られる。幼魚の体色は鮮やかな黄色で、よく目立つ。

成魚（雄）25cm

若魚（雌）15cm

幼魚の体に散在する黒色斑の径は瞳の径とほぼ同じ

皮膚に粘液毒をもつ

113

フグ目ハコフグ科／フグ科

コンゴウフグ
Lactoria cornuta

大 幼魚3cm。分 南日本、インド・太平洋。生 成魚はサンゴ礁の礁湖内の砂底に生息する。幼魚は伊豆半島にも現れ、やや内湾の砂底域で見られる。若魚や成魚は頭部と腹部後方に長いトゲがあるが、幼魚にはこのトゲはない。

成魚45cm

若魚6cm

体表面がでこぼこしている

幼魚は全身に小さな黒点が散在する

サザナミフグ
Arothron hispidus

大 幼魚2cm。分 南日本、インド・太平洋。生 成魚はサンゴ礁の礁斜面や礁湖の砂底に生息する。群れをつくらず単独でいる。貝類・ウニ類・サンゴ類・カイメン類・甲殻類・ヒトデ類・海藻などを食べる。幼魚や若魚は伊豆半島にも現れる。

成魚30cm

胸びれの基部が眼状斑になっている

腹部はさざ波模様

幼魚は球形に近い体形で体色は黒っぽい

若魚12cm

フグ目フグ科

キタマクラ
Canthigaster rivulata

大 幼魚3cm。分 南日本、インド・西太平洋。生 成魚は沿岸の岩礁地に生息する。雑食性で、海藻類・貝類・甲殻類・クモヒトデ類などを食べる。産卵期は夏で、正午に産卵行動が見られる。幼魚はやや内湾の浅い岩礁地や藻場で見かける。

成魚(雄)10cm

体側に2本の褐色横帯がある

※幼魚の基本的な体色や斑紋は成魚とあまり変わらない。

成魚(雌)6cm

クサフグ
Takifugu niphobles

大 幼魚3cm。分 青森県以南の南日本、朝鮮半島、台湾。生 成魚は沿岸の岩礁地や藻場に生息する。幼魚は浅い岩礁地や内湾のアマモ場などで見られる。初夏に内湾の海岸に群れで押し寄せ、波打ち際で集団産卵する。

成魚16cm

幼魚は尾びれ後縁が黄色い

成魚16cm(産卵)

背部に黒色斑がある

※幼魚の基本的な体色や斑紋は成魚とあまり変わらない。

115

フグ目フグ科

アカメフグ
Takifugu chrysops

大 幼魚8cm。分 房総半島から土佐湾までの太平洋岸。生 成魚は沿岸の岩礁地に生息する。幼魚はやや内湾の岩礁地や藻場で見られる。成魚の体の背部は赤褐色から灰色で、黒色斑が散在する。初夏に海岸で集団産卵する。

成魚25cm

背部に黒色斑が散在する

※幼魚の基本的な体色や斑紋は成魚とあまり変わらない。

ムシフグ
Takifugu exascurus

大 幼魚2.5cm。分 相模湾、日本海。生 成魚は沿岸の波当たりの強い浅い岩礁地に生息する。群れをつくらず単独でいることが多い。幼魚は伊豆半島にも現れる。稀に流れ藻や漂流物に幼魚がついているのを見かけることがある。

成魚10cm

背部に不規則な淡色斑がある

※幼魚の基本的な体色や斑紋は成魚とあまり変わらない。

フグ目フグ科／ハリセンボン科

コモンフグ
Takifugu poecilonotus

大 幼魚3cm。分 北海道から九州、朝鮮半島、台湾。生 成魚は沿岸の浅い岩礁地や藻場に生息する。幼魚は内湾の藻場で見られるが、流れ藻についていることもある。成魚・幼魚ともに背部の白色斑点は円形で大きいのが本種の特徴。

成魚20cm

背部に白色斑点がある

幼魚は尾びれが黄色い

※幼魚の基本的な体色や斑紋は成魚とあまり変わらない。

ハリセンボン
Diodon holocanthus

大 幼魚2cm。分 青森県以南の南日本、全世界の温・熱帯域。生 成魚は沿岸の岩礁地やサンゴ礁に生息する。幼魚は流れ藻についていることがある。危険を感じると、胃に大量の水や空気を飲み込んで体を膨らませ、トゲを立てる。

成魚20cm

幼魚の体色は黄色

黒色斑がある

幼魚はトゲが短い

成魚20cm（膨張）

117

種名索引

ア アイゴ 100
アオブダイ 92
アカエイ 19
アカオビハナダイ 30
アカククリ 100
アカネキンチャクダイ 65
アカハチハゼ 96
アカメバル 26
アカメフグ 116
アカモンガラ 108
アケボノチョウチョウウオ 63
アゴハゼ 96
アジアコショウダイ 50
アナハゼ 28
アミメハギ 112
イサキ 48
イシガキダイ 77
イシダイ 77
イスズミ 78
イソカサゴ 25
イソギンポ 94
イソモンガラ 108
イトヒキアジ 43
イトフエフキ 53
イボダイ 80
イヤゴハタ 34
イラ 81
イロブダイ 92
ウツボ 20
オオスジイシモチ 36

オオスジヒメジ 54
オオモンハタ 33
オキゴンベ 67
オキナヒメジ 56
オキナメジナ 80
オジサン 55
オニカサゴ 25
オニカマス 106
オハグロベラ 84
オビテンスモドキ 90
オヤビッチャ 73

カ カイワリ 43
カエルアンコウ 21
カエルウオ 95
カゴカキダイ 78
カシワハナダイ 30
カマスベラ 82
カミナリベラ 85
カワハギ 112
カンパチ 41
カンムリベラ 88
キアンコウ 21
キタマクラ 115
キツネアマダイ 38
キツネベラ 82
キヘリモンガラ 109
キュウセン 86
ギンガメアジ 42
キンギョハナダイ 29
キンチャクダイ 65

ギンユゴイ	76	サザナミフグ	114
クエ	35	サザナミヤッコ	64
クギベラ	83	サビハゼ	97
クサフグ	115	サラサハタ	35
クツワハゼ	97	シイラ	40
クマノミ	70	シテンヤッコ	66
クモハゼ	98	シマスズメダイ	72
クラカケモンガラ	111	シマハギ	103
クロイシモチ	38	シマハタタテダイ	57
クロウシノシタ	107	シラコダイ	62
クログチニザ	104	シロタスキベラ	89
クロコバン	39	スジオテンジクダイ	37
クロサギ	47	スジハナダイ	31
クロスズメダイ	73	スズメダイ	70
クロダイ	51	セダカスズメダイ	75
クロホシイシモチ	37	セナスジベラ	85
クロホシフエダイ	46	セミホウボウ	28
クロメジナ	79	センネンダイ	46
クロユリハゼ	98	ソウシハギ	111
コガネキュウセン	87	ソラスズメダイ	74
コガネシマアジ	41	**タ** タカノハダイ	68
コガネスズメダイ	71	タキゲンロクダイ	59
コケギンポ	94	タテジマキンチャクダイ	64
コショウダイ	48	チョウチョウウオ	61
コトヒキ	76	チョウチョウコショウダイ	49
コバンアジ	40	チョウハン	60
コブダイ	81	ツノダシ	101
ゴマチョウチョウウオ	63	ツバメコノシロ	53
ゴマモンガラ	109	ツマグロハタンポ	57
コモンフグ	117	ツマジロモンガラ	110
コロダイ	50	ツユベラ	88
コンゴウフグ	114	テングダイ	67
ゴンズイ	20	テングチョウチョウウオ	61
サ サクラダイ	29	テングハギ	102
サザナミハギ	104	テンス	91

119

種名索引

	トゲチョウチョウウオ	59		ホホスジタルミ	47
	トビエイ	19		ボラ	23
ナ	ナガサキスズメダイ	75		ホンソメワケベラ	83
	ナヌカザメ	18		ホンベラ	87
	ナンヨウツバメウオ	99	マ	マダイ	51
	ナンヨウハギ	102		マタナゴ	69
	ニザダイ	101		マツカサウオ	22
	ニシキベラ	86		マトウダイ	22
	ニシキヤッコ	66		マハタ	34
	ニジギンポ	95		ミカヅキツバメウオ	99
	ニジハギ	105		ミギマキ	69
	ニセカンランハギ	106		ミゾレチョウチョウウオ	62
	ネコザメ	18		ミツボシクロスズメダイ	71
	ネンブツダイ	36		ミナミハコフグ	113
ハ	ハオコゼ	27		ミナミハタタテダイ	58
	ハコフグ	113		ミノカサゴ	24
	ハナタツ	23		ムシフグ	116
	ハナミノカサゴ	24		ムスジコショウダイ	49
	バラハタ	32		ムスメベラ	89
	ハリセンボン	117		ムラソイ	26
	ヒメギンポ	93		ムレハタタテダイ	58
	ヒメフエダイ	44		メイチダイ	52
	ヒラメ	107		メガネモチノウオ	90
	ヒレナガスズメダイ	74		メジナ	79
	ヒレナガハギ	103		モンガラカワハギ	110
	フウライチョウチョウウオ	60		モンツキハギ	105
	フエダイ	44	ヤ	ヤセアマダイ	39
	ブダイ	91		ユウダチタカノハ	68
	フタイロハナゴイ	31		ユカタハタ	32
	ブリ	42		ヨコシマクロダイ	52
	ヘビギンポ	93		ヨスジフエダイ	45
	ホウキハタ	33		ヨメヒメジ	54
	ホウボウ	27	ラ	リュウキュウヒメジ	55
	ホウライヒメジ	56		ロクセンスズメダイ	72
	ホシササノハベラ	84		ロクセンフエダイ	45